東京に「いのちの森」を！

宮脇 昭

藤原書店

首都圏の植生自然度

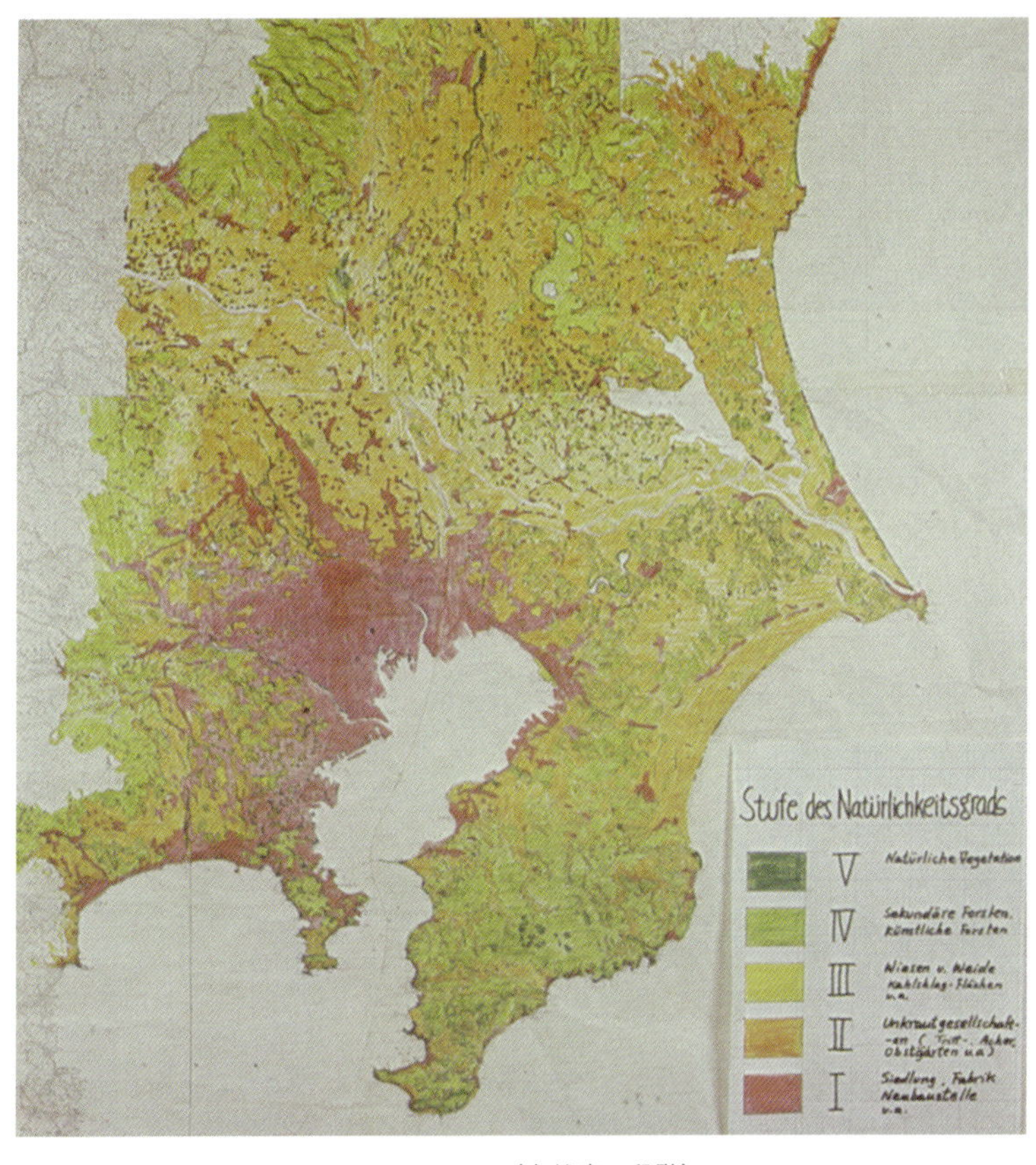

〈自然度の段階〉

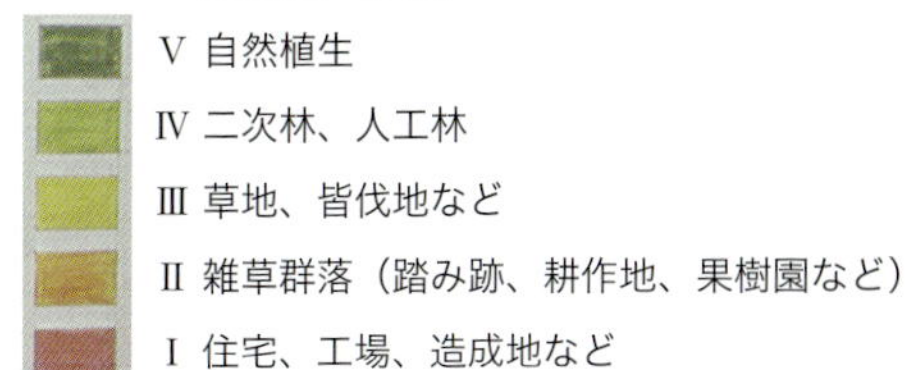

首都圏の現存植生

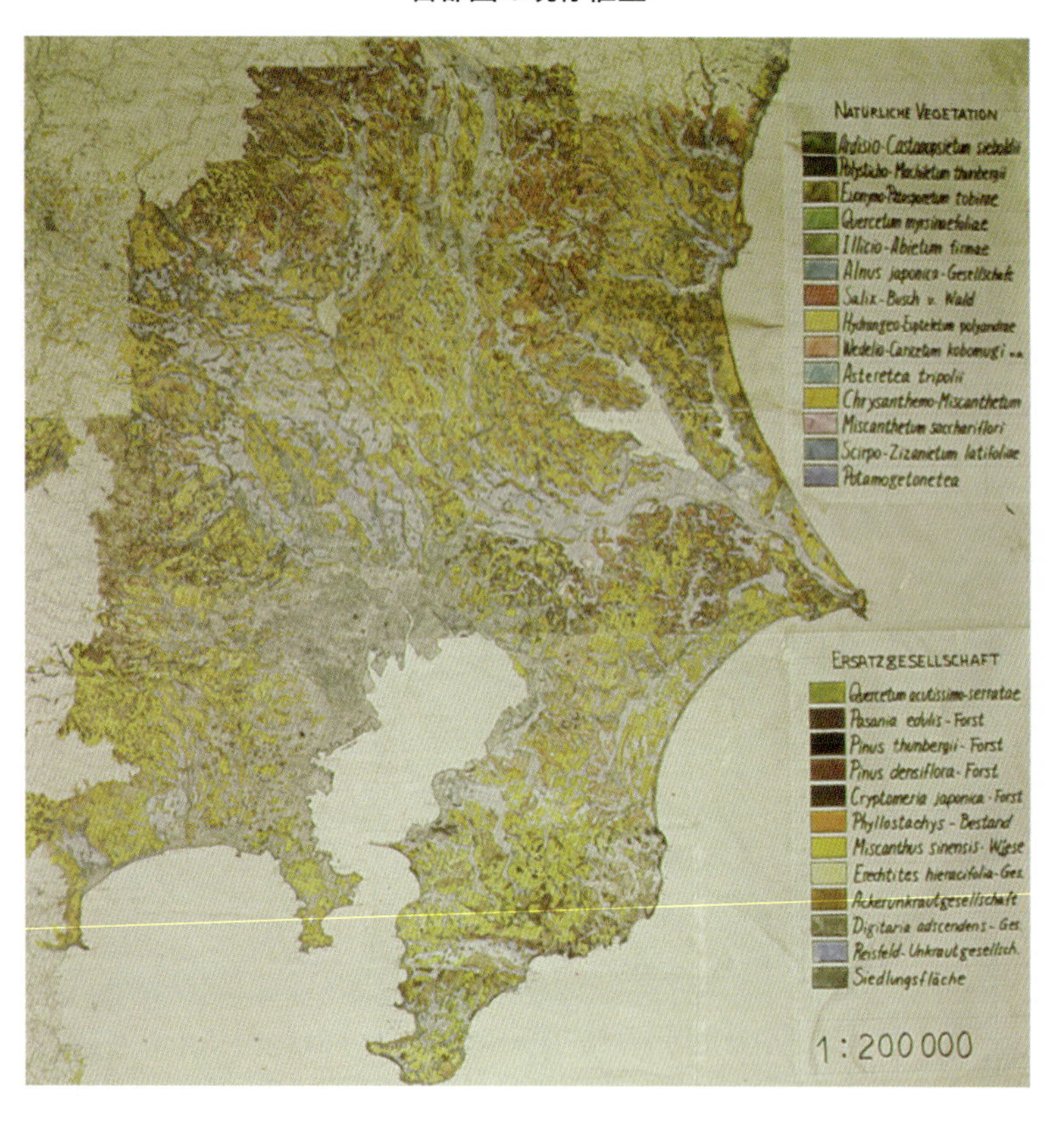

NATÜRLICHE VEGETATION
Ardisio-Castanopsietum sieboldii
Quercetum myrsinaefoliae
Illicio-Abietum firmae
Alnus japonica-Gesellschaft
Salix-Busch u. Wald
Wedelio-Caricetum kobomugi
Asteretea tripolii
Chrysanthemo-Miscanthetum
Miscanthetum sacchariflori
Scirpo-Zizanietum latifoliae
Potamogetonetea
ERSATZGESELLSCHAFT
Quercetum acutissimo-serratae
Pasania edulis-Forst
Pinus thunbergii-Forst
Pinus densiflora-Forst
Cryptomeria japonica-Forst
Phyllostachys-Bestand
Miscanthus sinensis-Wiese
Erechtites hieracifolia-Ges.
Ackerunkrautgesellschaft
Digitaria adscendens-Ges.
Reisfeld-Unkrautgesellsch.
Siedlungsfläche
1:200000

《自然植生》
ヤブコウジースダジイ群集
イノデータブノキ群集
マサキートベラ群集
シラカシ群集
シキミーモミ群集
ハンノキ群落
ヤナギ林
タマアジサイーフサザクラ群集
ハマグルマーコウボウムギ群集
ウラギククラス
イソギクーハチジョウススキ群集
オギ群集
ウキヤガラーマコモ群集
ヒルムシロクラス
《代償植生》
クヌギーコナラ群集
マテバシイ植林
クロマツ植林
アカマツ植林
スギ植林
モウソウチク林
ススキ草原
ダンドボロギク群落
農地雑草群落
メヒシバ群落
水田雑草群落
住宅地

首都圏の潜在自然植生

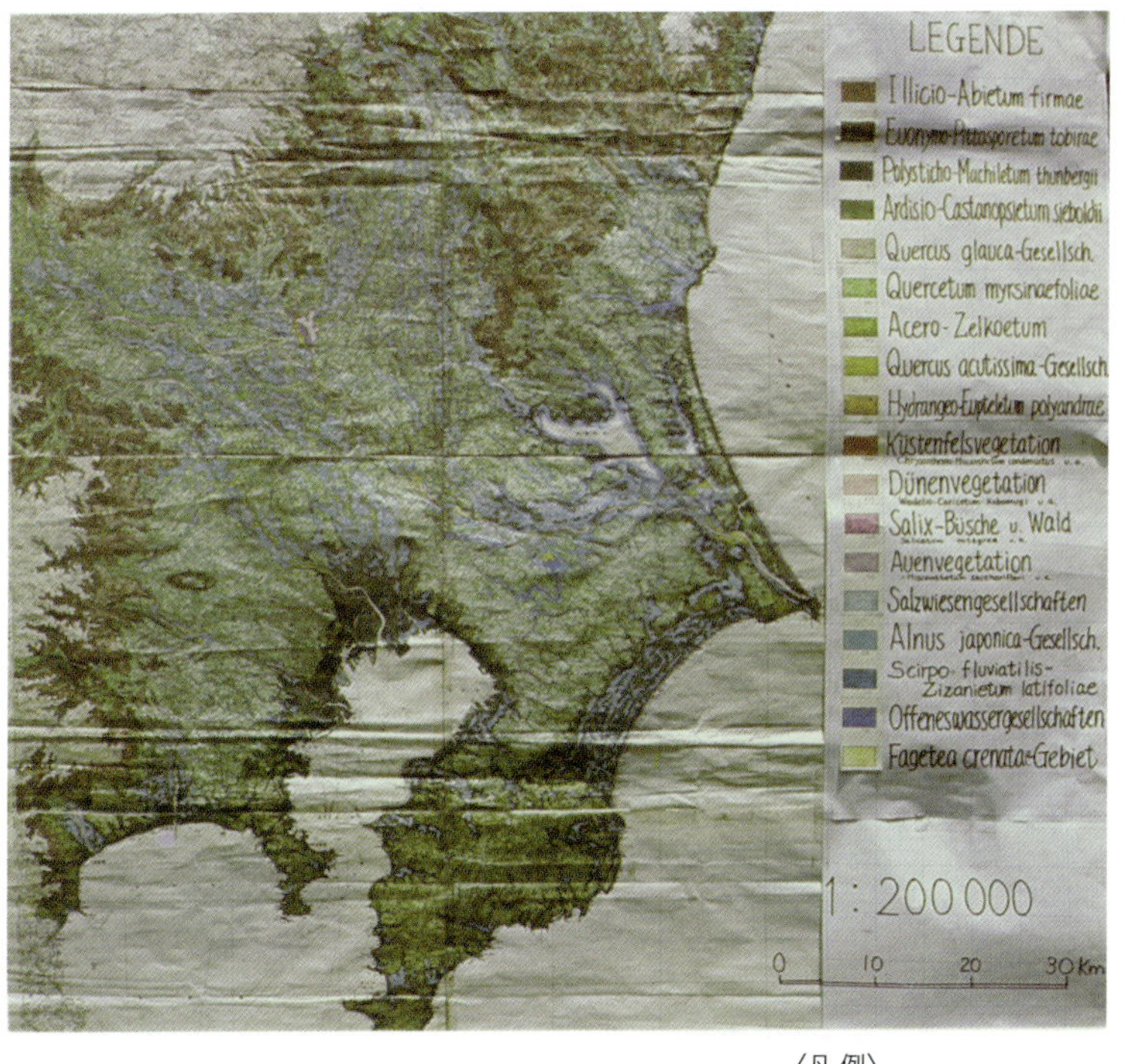
LEGENDE
Illicio-Abietum firmae
Euonymo-Pittosporetum tobirae
Polysticho-Machiletum thunbergii
Ardisio-Castanopsietum sieboldii
Quercus glauca-Gesellsch.
Quercetum myrsinaefoliae
Acero-Zelkoetum
Quercus acutissima-Gesellsch.
Hydrangeo-Eupteletum polyandrae
Küstenfelsvegetation
Dünenvegetation
Salix-Büsche u. Wald
Auenvegetation
Salzwiesengesellschaften
Alnus japonica-Gesellsch.
Scirpo fluviatilis-Zizanietum latifoliae
Offeneswassergesellschaften
Fagetea crenatae-Gebiet
1 : 200 000
0
10
20
30 Km

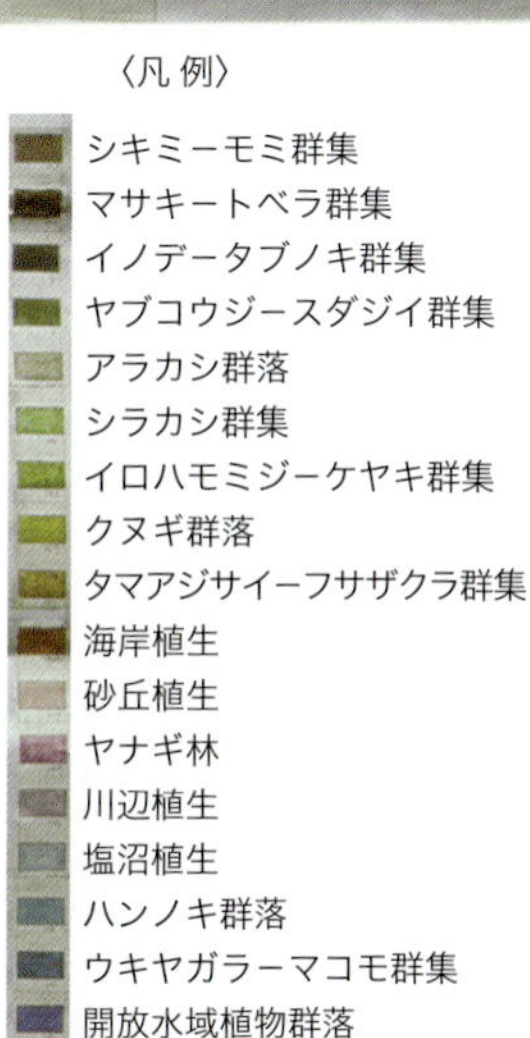
〈凡例〉
シキミ―モミ群集
マサキ―トベラ群集
イノデ―タブノキ群集
ヤブコウジ―スダジイ群集
アラカシ群落
シラカシ群集
イロハモミジ―ケヤキ群集
クヌギ群落
タマアジサイ―フサザクラ群集
海岸植生
砂丘植生
ヤナギ林
川辺植生
塩沼植生
ハンノキ群落
ウキヤガラ―マコモ群集
開放水域植物群落
ブナクラス域

首都圏とその周辺におけるグリーンベルト構想

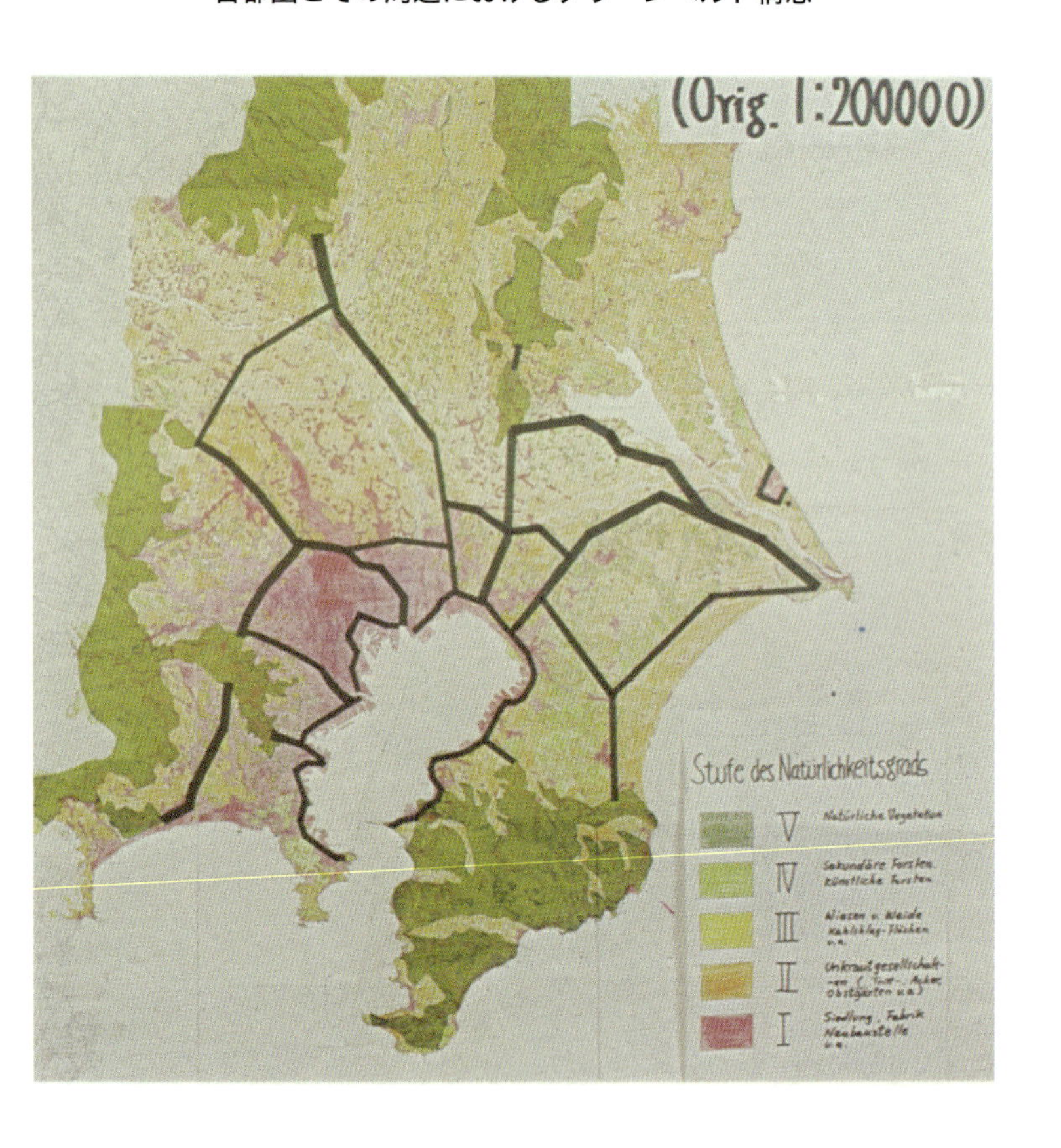

〈自然度の段階〉

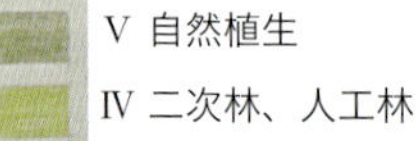

V 自然植生

IV 二次林、人工林

III 草地、皆伐地など

II 雑草群落（踏み跡、耕作地、果樹園など）

I 住宅、工場、造成地など

＊本文 52 ～ 58 頁を参照

はじめに

みなさん、いのちを守る本物の森をつくりましょう。偽物の森は命を奪うのです。偽物は、火災や津波、山津波を防ぎません。

東京は、いつの日か必ず地震が襲います。何十万人が死ぬと言われています。自然の災害、変動に耐えるいのちの森を、東京に。

コロンブスが新大陸を発見し、侵略が始まりました。ネイティブを奥地の周辺に追いやったのです。そしてアメリカは今、最高状態の繁栄です。しかし、エコロジー（生態学）的には「デス・センター」——中心部から滅びる危機にあると言えるのです。

みなさんが人類の歴史をたどっていただければ、ローマ帝国のように、どんなに繁栄を誇っていても、文明には必ず危機、終焉が訪れます。リオデジャネイロでは、海岸沿いは富裕層のビルに囲まれています。本来の自然を壊した繁栄です。私が『植物と人間』（NHKブックス、一九七〇年）に記したように、エコロジー的に、最も適応した最高条件の状態が、最も危険です。周辺に隠れるように生きる命、貧しい人は生き残るのです。

日本の松林は、ドイツの荒れ地（ハイデ）と同じように、公園的な人工の景観です。美しく感じられるかもしれませんが、偽物の森なのです。本物の森は、根を土中深く張り、自然の猛威に耐えうるものです。目には見えない、潜在的な力をもっています。

生きた世界は、みんな違います。本物は、長持ちします。一人ひとりが違うように、多種多様な、本当の森をつくりましょう。

東京に森を！　宮脇昭、がんばります。みなさんご一緒に、東京に「いのちの森」をつくりましょう。

宮脇　昭

二〇一八年八月

東京に「いのちの森」を！

目次

森づくりの匠　111

東京に「いのちの森」を！

装丁　作間順子

東京に「いのちの森」を！

――「潜在自然植生」からみた東京――

都市の危機――なぜ東京には緑が残っているか

現在、世界の大都市のほとんどは、中心部が空洞化しています。都市の形成においては、はじめのうちは集中することの効率性によって中央部にどんどん集中し、発展していくのですが、ある点までいけば逆転します。物理的にも精神的にも住みづらくなってくるのではないか。アメリカがその典型ですが、白人を中心とする裕福な層が大勢郊外に出てしまって、コロンビア市などのように、都市の中心が過疎化するのです。日本でも、とくに中小都市の中心部の空洞化が、急速に進んでいます。

人口の集中は、エコロジカルには「過集中」という危険な状態です。ですからだめになって空洞化して、そこに貧困層が入ってきてスラム化しているというのが、今、アメリカの各都市で起きている現状です。日本の都市もほとんどそうで、地方都市も中心部がだめになっています。「スーパーが郊外にできたから」といわれていますが、むしろ住民が増え、そのような住民が客として来るから、周辺部にスーパーが増えているのでしょう。

今、東京は、刹那的な商業主義からいえば非常に発展しています。「集積の効率」で、経済的には一番豊かなところになっています。しかし、自然の生態系のサブシステムとしての都市生態系（アーバン・エコシステム）の枠を超えれば、必ず、過集中のところからだめになります。植物社会の例を見てもそうです。たとえばヨーロッパ大陸やイングランド北部などのヒース（ドイツ語のハイデ）のカルーナやエリカの群落などに、典型的な例がみられます（宮脇『植物と人間』一九七〇、NHKブックス、五四―五五、九一―一〇四頁）。動物でも、シカなどが増えすぎたら、ある時点で急にどんどん数が減っていきます。一番危険な状態なのです。

東京が幸いにも今まで生き延びてきたのは、起伏が多い地形だからです。大阪や名古屋は平坦で、自然をヒトの顔にたとえれば頬っぺたみたいなところです。指でさわるぐらいなら痛くも痒くもありませんし、それで発展してきた都市が大阪、名古屋です。ところが、目の中に指を入れたらだめですね。この「目の中」の地形が急斜面や水際、尾根筋などです。無理に指をいれたら、えらい目にあいます。名古屋、大阪は地形が平べったいですから、全面開発ができますし、それで都市も発展してきました。発展はしていますが、いずれも緑が少ない。

東京は、一万年以上前の海退期に、海が引いてできた土地です。かつて海であった低地と、段丘状の地形であって、「山の手」と「下町」と呼ばれますが、下町、山の手をへだてる斜面があります。エコロジカルには、斜面は先ほどの「目」に相当する弱いところです。と同時に、江戸が建設された当時の不十分な土木建築技術では開発しきれなかったから、やむをえず斜面を残しているのです。だから、東京には緑が比較的多かったのです。

ところが、現在では技術が進歩して、スペインなどと同じように、今の技術では斜面までどんどん削って、マンションを造ったりすることができるようになりました。これを私は勝手に「スペイン方式」と呼んでいます。地中海に面したスペインなどでは斜面を削って、どこもかしこも裸地にして開発します。その一番典型的な例は、ブラジルのリオデジャネイロです。非常に発展しているのは海岸沿いの低地で、食いつぶした貧困層が斜面にへばりついています。貧富の差が非常に大きい。上はいわゆる貧民窟、下の海岸沿いにはリゾートホテルや高級建造物で、非常にはっきりしています。長崎の佐世保市などもそうです。今は高齢者が増えていますから、上のほうは不便ですからみな下に降りて、空き家が増えてしまっています。空き家対策に苦労していると聞きました。

一番問題なのは、集落、人口なども含めたすべての機能が過集中していることです。ですから、東京都がやられたら、日本は滅んでしまいます。日本の一番の心臓部ですから。たとえばアメリカでは、商売はニューヨーク、政治はワシントンと機能分散しています。ドイツも、最高裁判所は南のカールスルーエ、商売はデュッセルドルフ、ハンブルク、フランクフルト、首都はボン、現在は再びベルリンと分かれています。

自然の揺りもどし——「潜在自然植生」から東京の真の姿が見える

東京には、航空写真を見てもわかりますが、斜面には緑が帯状に残っていたのです。それが、今の新しい技術で斜面を削って、マンションを造ったりしています。これは、目の中に指を入れるのと同じことで、大変危険です。いろいろ意匠をこらして努力はされていますけれども、結果的に見れば、画一的な開発が進んでいるのです。東京の地形が幸いしてなんとか残されていた緑が、どんどん減っています。このままでは、一時的には経済の原則、集積の効率によって生活が豊かになるかもしれませんが、美しい日本の国土は世界でも有数の、自然災害の多いところです。日本だけではありませんが、今騒がれている首都圏直下型地震もそうですけれども、今晩か三百年先かわかりませんが、自然災害は必ず来襲するのです。

自然の生産、消費、分解・還元の物質循環システムの中の消費者としての人間も含めた生態系（ecosystem）は、あるところまでいったら、すなわち、その場所の空間的・時間的許容範囲を超えたら、必ず自己清算します。マツが増えすぎたら、マックイムシが増える。「マックイムシが増えて」というけれど、エコロジカルにみれば、これは自然の揺りもどしです。「マックイムシに強い、耐性のマツをつくったから大丈夫」というけれど、それ以上の強いムシが必ず出ますし、たとえ実験室でできても、現場のきびしい条件には耐えられません。

私は一九六〇年代の終わりに、文部省（当時）の「人間生存プロジェクト」から当時としては大変な予算をいただき、徹底的に現地植生調査をして、多くの皆様の協力をいただき、最終的には『日本植生誌』全十巻計六千頁、総重量三五キログラム、各巻に植生調査にもとづく別刷の「群落組成表」「現存植生図」「潜在自然植生図」（いずれも縮尺二〇万分の一、カラー十二色刷）を付したもの、に調査結果をまとめました。最初の植生調査は東京、首都圏、関東地方が対象でした。当時は人口三千二百万人余でした。その成果を、恩師、ドイツのチュクセン教授（当時の国立植生図研究所所長）の強いあと押しで、私が事務局長（セクレタリー・ゼネラル）として誘致し、日本で初めて開いた国際植生学会日本大会の国際会議で発表したんです。今見ている緑は、本物の緑ではない。ほそぼそと残っているのは、古い屋敷林や皇居の中、あるいは浜離宮や、芝白金の自然教育園などですが、そこの緑も開発によってどんどん周りから押されているのです。私は徹底的に現地植生調査をして、「本物の緑」――土地本来の「潜在自然植生」を見きわめ、それと現在の植生「現存植生」とをくらべた地図・植生図を作成したのです。二つはまったく異なります。日本全体では、現在一億二千万人の九二％が定住し、働いている照葉樹林域には、シイ、タブノキ、常緑カシ類の森、土地本来の「本物の緑」、森は、〇・〇六％も残っていないんです。私はそれを明らかにしました。

「本物の緑」というものがあることを、私はドイツ留学でチュクセン教授から学びました。

浜離宮のタブノキ林

それまでは、雑草群落の生態を調べていましたから、目に見えているものはほとんど自然の緑だと思っていたのですが、そうではない。土地本来の森が破壊されたあとの二次林や、人工の植林、潜在自然植生の代償植生、極端な表現が許されれば、いわゆる土地本来の植生に対しては「偽物の緑」がほとんどなんです。

日本では、マツやスギが典型的です。針葉樹などの人工的な植林の森は、災害に弱く、地震や火災、津波、山崩れですぐに枯れたり、崩れたりします。また、管理しないと維持できません。日本の「本物の森」は、ほとんどがシイ、タブ、カシ類などの常緑広葉樹です。

北海道、東北北部、山地は夏緑落葉広葉樹林域です。これらは、人間が手入れをしなくても何千年も長持ちします。

災害からいのちを守る森を

東京都が日本のキャピタル・シティとして生き延びるためには、思い切ったことをやらねばなりません。関東大震災の後に後藤新平（一八五七―一九二九）が抜本的な提案をしましたが、当時は「金がかかりすぎる」というのでやらなかったために、第二次大戦の空襲でも大変な被害を受け多くの市民の貴重ないのちが失われた、それと同じことを、今、繰り返そうとしているのです。

東京にくらべてはるかに人口の少ない東北地方の不幸な東日本大震災（二〇一一年三月十一日）でも、二万人近い市民のいのちが瞬時に奪われたという惨事と危機から学んで、照葉樹林域である首都圏でも、「今がチャンス」と思い切った国家政策、東京都の最重要なプロジェクトとしてやりきらなければならない。今ある緑を残すだけでは不十分です、もうほとんどありませんから。また、植えるといっても、マツやスギやヒノキのような客員樹種だけでなく、また外来種などによる化粧的な緑だけではなく、いのちを守る各地区の「背骨の森」をつくる、土地本来の木で森をつくらないといけない。潜在自然植生の主木のシイ、タブノキ、カシ類――カシにはシラカシ、アラカシ、ウラジロガシなどいろいろあります――を中心に、「立体的な、いのちを守る森」をつくるのです。やろうと思えばできます。道路沿いであっても、点から線に、線から帯に、帯からさらに面に、必ず広げていけます。

私の提案は、こういうものです。地震か何かが起これば、車は必ず全部ストップします。それでも道沿いは、お年寄りや、赤ちゃんを背負ったお母さんが走って逃げられる程度の帯状の森を立体的に、少なくとも火防木（ひぶせぎ）とされている常緑広葉樹のタブノキ、カシ類を中心とする樹林を、線状に、できるところから道沿いにつくる。まわりの小公園、駐車場、学校などのまわりは、一時的な逃げ場として、まわりを火防木の常緑広葉樹の樹林帯で囲む。森の公園をつくることです。これらの公園というのは、本来森なんです。ニューヨークのセントラルパークを見ればお分かりのように、鬱蒼とした森、これが都市公園なんです。またその間を通って人が逃げられなければ困りますから、道路沿いには「火防木」と呼ばれるタブノキ、シラカシなどを植えます。

「タブノキ一本、消防車一台」と言って、山形県酒田市で植えてもらった例があります（宮脇昭他、一九八三年）。四十年近く前、酒田市の大火災で千七百棟も焼けたのですが、本間家という古いお屋敷に古いタブノキが二本あって、そこで火が止まっているんです。われわれの三年間の植生調査結果をふまえた森づくりプロジェクトで、当時の相馬大作市長も市民の皆さんも、大変熱心にやってくださいました。これが大事なことです。市民から小学生から、みんなで、ポット苗を植えたんです。ところが、その後、じゃまになるというので切ったり、枝を落としたり、間伐したりしてしまったところがあって、今残っているのは下水処理場の周りで、十五年で十メートル近い緑の壁ができています。酒田市は、常緑広葉樹林の北限近くで、非常にむずかしいのですが、それでもいのちを守る本物の森ができているんです。

酒田市はナラ帯文化帯、落葉広葉樹のミズナラが主木といわれていましたが、そのさらに北の、当時の海岸に沿った国道七号線沿いの遊佐には、急斜面で開発されなかったおかげで、タブノキの自生群落があります。それらを例にあげて酒田市に提案して植えたのですが、下水場のまわり以外は結局残していません。刹那的なエゴですね。

火防木(ひぶせぎ)のタブノキ

今、不思議なことに、東京駅の周りでも、昔はイチョウなどの落葉樹しか植えなかったのですが、カシ類などの常緑広葉樹を植えているんです。ただ、残念なことは、それはまだ点です。点から線に、線から帯に広げていただきたい。都内各地に、できるところから、小さな、一時的な逃げ場として、火防木のタブノキなどの常緑広葉樹でまわりを囲んだポケット公園を造りましょう。森の小公園です。公園といえば芝生を思いうかべるかもしれないけれども、芝生はヨーロッパ各地などのように家畜の過放牧によってできた荒野景観です。道沿いにも、常緑の緑の帯を造る。その立体的な緑の帯を通って逃げられるように。

次に、それをさらに広げ、避難拠点として、自然教育園や浜離宮、芝離宮ぐらいの広さの、火防木のタブノキ、シイ、カシ類などの常緑広葉樹による森をつくります。関東大震

明治神宮

災では、今の国技館の近くは板塀で囲まれており、みんなが逃げ込んで、吉村昭も書いていますが、あっという間に何万人も亡くなりました。川にとびこんだ人も助かりませんでした。関東大震災当時でも、都心部の緑はそのようなありさまでした。ところが、そのそばの、タブノキ、スダジイ、カシ類などの常緑広葉樹林に囲まれた清澄公園に逃げ込んだ人たちは、誰ひとり亡くなっていないんです。そのような清澄公園のよい例がありますから、いのちを守る森――それは、平生はセメント砂漠に住んでいる多くの人たちの、生きものとしての緑の保養所、世界の人たちが訪れる観光資源にもなります。

本当は明治神宮のような森ができればよいのですが、それは無理でしょうから、あの十分の一でもいいのです。各地にある少しの空き地も、まわりにシイ、タブノキ、カシ類など「火防木」である常緑広葉樹による、防災境界・環境保全林で周りをとりまくようにするのです。車なり何なりでそこまでは消防隊が連れていける、そういう網の目を、思い切ってつくっていただきたい。

緑の壁の中に、ニュータウンを

私は、ニュータウンの建設にも関わっています。まず最初が筑波のニュータウンです。それから多摩ニュータウン、港北ニュータウンなどです。

多摩ニュータウンでは、「ニュータウンを造るなら、常緑の緑の壁をつくって、その中にニュータウンを」と提案したのですが、結局実現しませんでした。多摩ニュータウン建設の緑の保全と再生の植生調査は、美濃部都政の終わりのころでしたが、もう形がだいぶんできたころから、「ぜひ」と乞われて関わったんです。美濃部都知事にも会いました。立派な都知事室で「宮脇先生、先生に会うのがもうちょっと早かったら……」と言われたのですが、私が関わったのがかなり遅かったんです。

港北ニュータウンになるともうかなり最後の方で、田畑貞壽さんという、後に千葉大の造園の教授になった方が、当時住宅公団におられて、「宮脇先生のいうことは、よくわかるから」と仰って、それでも斜面をかなり残してくれたんです。しかし今は半分も残っていません。なかなか木も植えてくれませんし。

現場を調べながら全体構想をつくり、思い切って、どこからでもできるところから、とにかくやらないと。密集住宅や高層建築だけでは、いのちは守れません。まわりや間に、将来樹高二十～三十メートル以上になるシイ、タブノキ、カシ類などを帯状に植える。それから木を植えても、日本では、すぐにみな頭を切ってしまっています。道路沿いなどの木は、横枝は切っても、頭は切らない、切らせない。空は無限にあるんですから。深根性、直根性の常緑広葉樹は、樹高が高いからといって、倒れません。

九千年残る「東京オリンピック・いのちの森づくり」

ベルリンには「グリューネヴァルト」という立派な森があります。第二次大戦のガレキを入れて土台にして、トイフェルベルク(悪魔の山)といいますが、見事な森になっています。少し掘り込んだところを見ると、コンクリートや煉瓦のガレキが入っているのがわかります。そういう、毒を除いたガレキを、土を深く掘って盛り土と混ぜて、通気性のあるマウンドをつくるのです。土の中にガレキを混ぜることで、土中にすきまができて、根群が呼吸できるんです。世界でもやっているんですから、日本でできないことはない。思い切って決断し、やりきらなかっただけです。二〇二〇年に行われる東京オリンピックをチャンスに東京を変え、森と共生する都市、東京をモデルに、日本の各中小都市に森をつくる。そしてアジア、さらに世界の都市に発信していただきたい。

オリンピックは一回やったらそれで消えてしまいますが、いのちの森づくりは、九千年先と予測されている次の氷河期まで残ります。とくにオリンピックの会場の周りは、今からできることはやっておく。一本三百円のポット苗は、六年たてば六メートルになります。さらに、しっかりした計画をたてて、オリンピックに来た選手団、監督や観光客に、たとえば千円で（十ドルで、十ユーロで）三本植えてもらって、「あなたの名前をつけてもいいですよ」ということにするとか。東京オリンピックを機会に、「次の氷河期が来るまで九千年残る、東京オリンピック・いのちの森」を提案したい。

前の東京オリンピックのときの選手村の周りに、明治神宮からつながっている森がありますよ。常緑樹の、すばらしい森です。落葉樹だけではだめなんです、一年の半分は大量の落葉を残して、枯れ木と同じですから。ニューヨークもロンドンもベルリンもナラ帯文化帯で、落葉樹しか育たないのですが、常緑広葉樹を潜在自然植生にもつ文明都市は、現在では日本だけです。幸いにも、日本人一億二千万人のうち九二・八%が住んでいるのは、潜在自然植生が常緑広葉樹、シイ、タブ、カシ類の照葉樹林文化帯なのです。人間が手をいれなくても、放っておいても確実に育ち、個体の交代はあっても、いのちと生活を守る森のシステムとしては、数千年先まで維持でき、発展します。

いのちを守り、自然の管理にまかせる、土地本来の森づくりは、潜在自然植生の主木群を中心にしてやっていただくことが肝心です。今ならできる、今、一番小さいところから、足もとからやればいい。もっとも危ないのは、現在最高の生活を享受している、東京なんです。東京がだめになると、日本じゅうがだめになりますから。相当の思い切ったやり方でないとだめですが、植物はいのちをかけているわけですから、人間だっていのちをかけるぐらいのつもりで、国家プロジェクトとして、都民運動、国民運動としてやっていただきたい。五年計画、十年計画、三十年計画でも、できるところからすぐ着手する。災害はいつ来るかわかりませんから。

そして東京のノウハウと成果を、日本の全中小都市や、すべての市町村に広げる。日本人は鎮守の森、明治神宮の森をつくってきたんです。私たちは、危機をチャンスに、未来志向の「九千年のいのちの森」を、国家プロジェクトとしてつくっていただきたい、つくらせていただきたい。全国民のいのちと、国土を守るために。

原発の問題もそうです。私はまったく賛成ではないけれども、しかしいちど甘い蜜を味わったら、人類の歴史では必ずそれをやめることはありませんよ。汽車も、「黒い煙を吐く怪物機関車」といって避けた町は劣化しているし、それから毎年一万人近くを殺している車をやめろとは、誰もいわないでしょう。だから技術にリスクは当然なんです。技術にはリスクがあたりまえですから、最高の技術とは、必ずあるリスクをゼロにするために努力しなければならない。それを「絶対安全」なんていってあぐらをかいているからだめなんです。

豊島区――セメント砂漠のいのちの森づくり

具体的には、実行プロジェクトの委員会などをつくっても、日本のインテリは、あれも駄目、これも駄目と引き算しかしないから、意味がありません。どの緑も大事ですが、まずいのちを守る森づくりが今、緊急の、最大の課題です。現地調査をきちんとして、将来を見通した、思い切った計画、その実行が大事です。私たちは黒子でお手伝いします。必要があれば素案もつくります。しかし、実行しなければ無意味です。また緑に対する都民の皆さんの理解、希望も多様ですので、東京都の都民の皆さんも、「あなたのいのちを守るため」「エコロジカルな、いのちと生活を守る未来志向」の説明会、討論会などを各区で開いて、今までの実践成果を正しく、すべて国民のみなさんに正しく理解していただく。できるところからやっていくことが大事です。

豊島区は、かなりそういう取り組みをやっていますよ。人口二十六万人ですが、高野之夫区長が非常に熱心で、「ぜひやりたい」と、幅一メートルのところでも森づくりをやってきています。

行田市の工藤正司市長は、毎年市民参加で、今年も植樹祭をやりました。はじめは反対していた地域の皆さんも、今では非常に一生懸命です。

豊島区の高野区長は、私の講演を聞いて「これはいい」というので、さっそく区長室に連れて行かれました。部屋には大きな都の航空写真がはられており、たしかに東京がセメント砂漠だということがよくわかりました。それでも、となりの文京区には東大があったり学習院があったりして緑の姿もちらほらあるのですが、とくに豊島区にはまったくない。区長が「植えるところがない」と私にいったんです。私は答えました、「高野区長、植えられるところで植えるのはだれでもできます。植えるところがないところで植えれば、みなが注目しますよ。また、そのプロセスと成果は世界中の大都市の行政や市民に、大東京、セメント砂漠の豊島区でもできるということがわかれば、すごいじゃないですか」と。世界中の大都市に市民のいのちを守る森がつくれると、東京豊島区を訪れ、学び、観光対象にもなりますよ、と。

「どこでやりますか」ときかれて、私は「まず学校でやりましょう」と提案しました。

三十一の小中学校があります。高野区長はさっそく幹部を集め、私が講演しました。ところが、はじめは教育長も、校長も反対する。先生は仕事が増えるというし、周りの人は「落ち葉を落とす」とか「日蔭になる」とか文句をつけ、私はそのたびに、みなさんにそれまでの実績を映像で示しながら、合計十回ぐらい行って話をしました。

そしてなんとか三十一の小中学校で、今から五年前の二〇〇九年四月二十九日に、一万本の植樹祭をやりました。いざやるとなれば、四十以上の企業や団体が協力してくれ、小池百合子元環境大臣を初めとする五人の国会議員も来てくれました。植樹祭で、みんなで植えたものが見事に育ち、次の年には公共施設――下水場の周りなどに、やはりもう植えるところもないのですが、植樹をしました。そして公園にも植えようということで、人口は二十六万人ですから一人一本で二十六万本植えようという企画をしました。最初は一万本から。三十一の小中学校で生徒は九千六百人、みんなは一生懸命だけれど、私は一人三本植えさせようと思ったけれども、一本しか植えられない状態で、父兄も後ろで手伝ってやるぐらいの状態でした。それでも見事に育ちまして、あまり水はやらなくてもいいんですが、子供たちが休みのたびにジョウロで一生懸命水をやってくれています。

立正佼成会（豊島区）の「世界一小さな都市の森」

都市の森づくり

やればできるわけです。その方法を他の区にも応用できます。今年（二〇一四年）六月三十日に、多くの方が亡くなった仙台平野の海岸被災地のコンクリート防潮堤の背面にも、国土と国民のいのちを守る森の防潮堤づくり、いわゆる「宮脇方式の森づくり」を太田昭宏国土交通大臣が主導し、市民と共に四千本植樹を行ないました。被災地海岸で自ら共に植樹し、大小あわせて三十カ所、三十万本近く植えましたが、まだ少ない。仙台の海岸と同時に、人口が密集している東京にも植えなければいけないと、太田大臣が、都内に住んでおられ、まわりが密集した住宅地区で、ぜひ植えたいとおっしゃいました。「国土強靭化」が国会を通る前の去年から、東日本大震災の被災地で植えてくれて、「こんないいことはない」と言ってくれたんです。なかなかまだ地元が動いていないのですが、できるところから進めていただきたいと思っています。なかなかうまくいかないこともありますが、人、人、人です。

都心の一部には緑が比較的残っていますが、周辺部はそうではないんです。とくに津波その他で、川沿いの下町の、住宅密集地が一番危ない。地元は「植えるところがない」というんですが、私が現場に行くと、必ずあるんです。必ずどこにでも、植えるところは見つけられます。

伊豆大島――空港開発といのちの森づくり

伊豆の大島では、ジェット機を飛ばしたいというのが島民の願いで、そのために滑走路を延ばすときに、愛宕山を切ることにしたのです。それに自然保護団体が猛反対したのですが、私は最初、反対派の皆さんに頼まれて講演しに行きました。現地も調べてみると、比較的自然林に近い常緑広葉樹林で、シイ、タブ、カシ類もあるけれども、マツ等も植えてあり、それがマツクイムシにやられたりしています。でもこの森は残すのはいい、飛行場の滑走路を延ばすよりも、森を残すのが一番いいんだと言いました。しかし島民の方が「観光客などを本土から呼ぶにも、プロペラ機だけではだめだから、何とか滑走路を延ばしたい」というなら、今ある森を、よりよい森に再生すればいいじゃないかと申し上げたんです。「本気ならできます」と。その後、東京都の離島港湾局の幹部の方々が来て、「ぜひお願いします」とおっしゃって、かなりの予算をつけてくれました。それで三年かけて徹底的に島全域の植生を現地を踏査して調べて、ジェット機の離着陸の障害になると斜面を一部けずった愛宕山の斜面に、マツ、スギなんかではなくて、常緑広葉樹の幼苗を植えて、土地本来の照葉樹林を再生し、現状より以上の森を創ろうと、そのプロジェクトをたちあげ、徹底的な現地植生調査結果を踏まえて提案し、実現してもらいました。

本土から、夜の十一時に出て、朝の五時半に着き、それから植樹をしました。当時は石原慎太郎氏が知事で、知事室へ行ったら、石原さんもよくわかってくれて、すぐ「これは東京都内で、とくに都心でやるべきだ」と言ってくれました。担当の課長に、私は「まず並木を点から線にして下さい」、「今の並木などの立木も殺さないで、そのあいだに点から線、帯状にどんどん植えていきましょう」といったのですが、それきりになりました。やらなければだめです。

一方、大島のほうは徹底的にやりました。当時の青山佾副知事は、郷仙太郎という筆名で後藤新平について書いている方ですが、植樹祭に参加し、感銘してわかって下さって、共に木を植え、協力してくれました。遺伝子の関係などで本土の苗を持っていけないので、現地でシイ、タブ、カシ類のポット苗を二十数万本つくらせました。第一回の植樹祭から毎年、週末の土日を八月から九月まで十数回、合計で二十数万本を植えたんです。青山副知事も来て、植樹してくれて、大変よろこんで下さいました。また、後藤新平の東京市構想などについて出されていた著書にサインして送って戴きました。

それが昨年、二〇一三年の台風二六号で、大島には大変な土砂流れが起きました。ところが、この植えた木には、場所によって違いがあったとは思いますが、一本も倒れていない、枯れていないんです。そういう成功例があるんです。ですから「いのちを守る伊豆大島の森再生の、この方法をやれ」ということで、モデルにできます。定期的な生育測定、調査で、この十月十四〜十五日にも測定調査に行きますが、今、どのぐらい育って、どうなるか、定期的に都の担当課長らと現地調査を続けています。これらは離島港湾局でやっていることですから、本土側の埋立地その他でもできるはずです。

オリンピック村予定地など、東京オリンピックを機会に、第三十二回夏季オリンピックを記念して「いのちと国土・地球を守る東京オリンピックの森」を東京から世界に、全参加者に幼苗を植えさせます。三本植えれば「森」。十ドル、または十ユーロ（日本円で約千円）で、ポット苗を植えてもらう、または寄付してもらい、参加者個人の名をつける。根群の充満したポット苗は、植えてから二～三年は除草が必要ですが、根が発達したら七年で七メートル（一年で一メートル近く）生育します。毎年、都知事からのクリスマスカードには、それぞれ個人や団体で植えてもらった、生長している写真をつける。参加者たちは、私の植えた木の状態を見に、東京、日本に行こうと、家族、友人たちと何回も東京、日本を訪れ、絶好の観光ビジネスにもなるはずです。ぜひ計画して、「東京オリンピック・いのちの森」を東京都内、東北の被災地、さらに日本各地に植えはじめて戴きたいと願っています。

現地調査を踏まえ、「未来志向の植生図」を

一九六〇年代の終わり、私が首都圏の現存ならびに潜在自然植生図を作る現地調査をしていたころは、まだ「公害問題」と言われていましたが、私はドイツで学んだ「環境保護」「自然保護」を言い始めたんです。そのころは、そういう言葉はありませんでした。トータルに環境を考えるという見方がなかった。はじめに申し上げた、文部省の「人間生存」

プロジェクトで戴いた調査・研究費で、徹底的に現地植生調査をした結果を七〇年代の初めにまとめることができ、そのころ、私が事務局長をつとめ、日本で初めての国際植生学会を開くことができました。そのときの私の基調講演で、「植生学的な現地調査、現存および潜在自然植生の比較研究成果をふまえて、東京およびその周辺域の、未来志向の、森の防災・環境保全林の形成を」――これが私の提案でした。

例えば、道路沿いに小公園や空き地があれば、そこへ「立体的な」森をつくる。横枝は伐るけれども、頭は伐らない。普通の街路樹は、五～十メートルのところで頭を伐って、すかしてしまいますが、そうではなしに、緑のフィルター、緑の壁を自然のシステムにそってつくる。たとえば、アメリカの首都ワシントンはアメリカブナ・ナラ帯ですが、ホワイトハウスの前にアメリカブナの大木があります。これはまったくの自然状態にしているのです。日本ではすぐに頭部や枝を伐って細工をしてしまいますが。

多少落ち葉が落ちても、日蔭になっても、市民のいのちには直接はそれほどたいした問題ではないんですよ。とくに常緑広葉樹は、落ち葉が落ちるのは十年に一回くらいなんですから。クスノキは五月にけっこう葉が落ちますし、もちろん新陳代謝で落ちますけれども、イチョウのようにいっぺんには落ちません。むしろ、セメント砂漠で落ち葉をふんで生きていけるのは、「森の寄生虫」の立場である人間が、セメント、人工砂漠の中で当分生きていける、いのちの証しです。いのちを守る森との共生に意識を転換して、落ち葉をじゃまものでなしに、生きているいのちの証しであると考えましょう。生物社会に、地球上に、じゃまものはいないんです。使い方しだいで、みんなが役に立つわけですから。

小学校や中学校、あるいは大学のキャンパスの周りが、幅一メートルでも二メートルでもあれば、そこに立体的な森がつくれます。もちろん十メートルあれば、それにこしたことはないけれども、一列でもいい、立体的な森は必ずつくれます。ただ、頭を伐ったり、横枝を伐ったり、森の中の中木を切ったりの小細工をしてはいけませんよ。緑のフィルターをつくればいいのです。

本物の森は、いのちを守るトータルシステム

広大な面積がなければ森はできないと、生態学の同僚もいっていたのです。ところが、

芝離宮、浜離宮には、二百五十年前に植えた立派な森がある。百五十回あったと言われる江戸の火事でも、関東大震災でも、焼夷弾の火の粉にも生き残った、立派な森です。どんな森も、はじめは小さな芽、小さな苗です。それが森になるのです。

不幸な原発の事故がありました。「原子力はCO_2を出さないから、森はいらない」といって森づくりをやりませんでした。福島の事故は、地震には耐えられたんです、その後の津波でやられましたね。もし、幅十メートルでも森があれば、これは「緑のフィルター」です。セメントの場合は「ジェットコースター効果」といって、津波のエネルギーが壁面を直撃して、後ろからも防波堤を破壊しています。釜石などでは、ギネスブックに載るほどのコンクリート壁に津波が直撃し、津波のエネルギーが倍加して破壊しました。ところが森の、「緑のフィルター」は、立体的な森で、葉のあいだにすき間があるので、エネルギーを半分に減らすんです。これを波砕効果といいます。福島第一原発でも、海側の同じ東電の東京湾沿いの扇島火力発電所に作られたように、シイ、タブノキ、カシ類の幼苗を混植・密植して森をつくっていれば、あの不幸な被害をもたらさないですんだのではないでしょうか。三十センチのポット苗が、二十年で二十メートルになります。瓦礫を入れたマウンドを含めれば、二十五メートルになるんです。

「緑のフィルター」は、津波のエネルギーを減少させるだけでなく、引き波によって海に流れてゆく人も物もとどめる役割も果たします。たとえ津波にまきこまれても、木につかまることができます。森はあらゆる災害に対しても、いのちを守る防災機能を果たします。

セメントなどの「死んだ材料」でつくったものは、防護壁としてつくったものであっても、土地本来の豊かな自然景観を破壊し、さらに管理がいりますが、「緑のフィルター」、「緑の防潮堤」は、根群の充満した土地本来の、樹高三〇cm程度の幼苗を自然の森のシステムに沿って混植・密植して、三〜四年の除草作業をおこなえば、あとは自然の管理に基本的にはまかせればよいのです。木の特性に応じて自然淘汰を経て立体的な多層群落の緑のフィルター、多層群落の森ができます。管理はいりません。自然にまかせればいい。個体の交代はあっても、いのちと国土を守る森のシステムとしては、次の氷河期が来るまで九千年残る、いのちの森ですから。「死んだ材料」では、壊れるし、五〇年もすれば、管理しないと劣化するので、金がかかる。木を植えるのは、その数十分の一の金でできるわけですから。ハードの建築材料を使う鉄筋コンクリートも、今では、管理・補修をしなければ五十年しかもたないと言われています。

たとえば道路沿いでも、奈良県の橿原バイパスには、宮脇方式で小学生に植えてもらったのが、ちょうど小学六年生の女の子がお嫁に行って、お子さんを連れて帰郷して「パパやママがあなたと同じ年のころに植えたのが、今はこんなになっています」というような状態に、今なっています。高速道路のそばに植えれば、騒音を軽減し、景観を守ることができます。すでに建設省時代から行われた四国愛媛県の野村ダム、島根県出雲平野の斐伊川放水路建設の斜面や土捨場の斜面などでも国際植生学会でも発表したような各地に、いろんな実績があるのです。土地固有の森は、すばらしい景観になりますし、観光資源にもなります。悪いことは何もありません。

マツやスギ、ヒノキ、カラマツなどの針葉樹は、植物の進化から言えば、イチョウ、ソテツなどと同様に裸子植物です。現代は、樹木で言えば、主に葉の広い常緑のシイ、タブノキ、カシ類です。冬に低温になる山地や北海道は、ミズナラ、ブナなどの落葉広葉樹林域です。また地球規模で見れば、日本以外はナラ文化帯と呼ばれます。ロンドン、パリ、ベルリン、ニューヨーク、ワシントン、ボストンなど、すべて落葉広葉樹のナラ帯文化帯に位置しています。現在一億二千万人の日本人の大部分が、東京を中心に定住している照葉樹林文化帯と呼ばれている常緑広葉樹林は、私たちの六十数年間の現地植生調査結果では、本来の日本列島の潜在自然植生域の〇・〇六%しか残っていません。その森や木の大半が、このあいだの広島の山崩れや伊豆の大島の斜面崩落や、阪神淡路大震災、東北地方を中心とする東日本大震災で生き残っています。だから、いのちと国土を守る土地本来の潜在自然植生にもとづく森づくりが基本です。土地にあわない木は災害にも敏感ですぐに倒れたり、枯れたり、またたえず手入れが必要です。そういった客員樹種や、外来種などによる都市の中の化粧的な緑だけでなしに、土地本来の潜在自然植生にもとづく自然の森であることが基本です。経済的な、また美的な緑化、植林も必要ですが、今まで無視されていた、いのちと国土を守るには、土地本来の森が必要です。

立体的な「緑のフィルター」ですから、夏のヒートアイランドを一番抑えるのは森ですし、冬は北風を防ぎ、あらゆる自然災害に対しては防災機能、毎日の生活に対しては環境保全機能……あらゆる機能を果たすわけです。一面的な、時間的にも限られた、目先の対応だけではなく、土地本来の森こそトータルな対応ができる。すべての日本国民のいのちと国土を、さらに地球とすべての人類のいのちと健全な生活、文化、遺伝子を守る森こそ、次の氷河期が来るまで九千年残る、生きている緑のトータルなシステムです。それが、一番の本物の、すべての市民のいのちと生活を守る「ふるさとの森」なんです。

二〇二〇年の東京オリンピックを好機に、東京から世界に、すべての国の人たちと地球を守るプロジェクト「東京オリンピック・いのちの森」を！

（二〇一四年八月十三日／於・藤原書店催合庵）

東京における植生科学と環境保護

——日本ではじめての国際植生学会（一九七四年）から——

この原稿は、一九七四年六月五〜七日、東京経団連の国際会議場で行われた、植生科学と環境保護についての国際シンポジウムでの宮脇昭の基調講演の要約、および、当日の質疑応答からハインツ・エレンベルグの質問と宮脇の回答を翻訳したものである。本稿の英語・ドイツ語版は、宮脇昭／R・チュクセンの編著で、丸善出版より一九七七年に出版された。

（*Vegetation Science and Environmental Protection* 五七七頁）

未来のために、東京に森を——基調講演の要約

過集中による東京破綻の可能性

首都東京は、日本列島で最も広い関東平野部に位置しています。そこは日本の政治、経

済、産業、交通の中心であり、海外の人たちも含め多くの人口が集中する国際都市です。東京湾に接した多摩川、利根川、荒川など河川が海に注いでいる大部分は平たん地、その周辺は緩やかな丘陵地域であるため、戦後多くの人が集まり、今ではこの関東地方のおよそ一五〇km²のところに三二〇〇万人以上が住んでいます。そして、おそらく人口はさらに増えてゆき、超過集中の方向に進むと予測されます。また今後さらに経済、政治、交通の中心的役割が強くなり、日本のすべての機能が凝縮し、経済的にもさらに発展する地域になるだろうと考えられます。

しかし我々がどれほど科学・技術を発展させても、地球上に生かされているかぎり、人間は生物圏のいちメンバーで、生態系（ecosystem）の中の消費者、寄生者の立場でしかありません。人口が過集中し、都市が発展すればするほど、市民の生活環境は劣化し、汚染され、そして悪化する危険性が高いでしょう。このまま進めば、直接的には地球規模に広がる生物圏の中の人類の刹那的な生活条件は急速に発展してゆきますが、ハードな施設づくりのみの発展では、局地的には近く破綻する危険性をはらんでいます。

「現存植生図」と「潜在自然植生図」、「自然度図」

我々は、すべての生き物の生存基盤である「生きている緑」――それが凝縮している〝森〟の現在の状態を、まず現状診断として、現地植生調査結果が皆さんにわかっていただけるように、「現存植生図」をつくります。そしてすでに破壊されたり、劣化した環境を再生するためには、単に現状を診断するだけでなしに、本来どうあるべきかという「潜在自然植生」を調査し、その具体的な配分を地図化した「潜在自然植生図」を作成します。つまり「現存植生図」は人間生存の基盤である現在の緑の環境の診断図として、「潜在自然植生図」はすでに劣化し、破壊された、またその危険性の高いところを積極的に、どのような自然災害にも耐え、健全な市民の生存・生活環境を取り戻し、再生するための科学的な処方図として、新しい人類生存環境を創造し、再生するために使います。

東京を中心とし、周辺も含めた首都圏、さらにそれを取り巻く関東地方の現存植生図、潜在自然植生図は、一九七〇年、当時公害問題が深刻な社会問題になっていた頃、文部省がつくった「人間生存」の特別プロジェクトの一つとして採択されて、我々の研究チームの五年間の現地植生調査により完成しました。さらに植生の変化によってどのような自然状態であるかを、現存植生図と潜在植生図を比較してその土地の緑の自然度を調べる「自然度図」を作成しました（宮脇・藤原、一九七五）。

徹底的な現地植生調査成果を、さらに隣接諸科学と連動させ、合理的な土地利用をし、防災・環境保全の森を再生させるための処方図にしたいと思います。そして、皆さんにわかるように図式化した現存植生図、潜在自然植生図、人間の影響によって自然がどのように劣化してゆくかを示した自然度図などによって、総合的な提案をします。日本の心臓部に当たる首都圏、関東地方の全市民のまちがいのない生活・生存環境の保護のため、そしてそれらが劣化し、失われているところでは積極的に再生させ、さらに合理的な土地利用のために提案をします。

土地本来の植生は失われている——本来の緑を探る

二〇万分の一の地形図上に描いた、現地調査にもとづく、現存ならびに潜在自然植生図、自然度図を比較したところ、特に東京湾沿いは交通網も錯綜し、周辺の衛星都市を結んでいるため、ほとんど土地本来の植生は失われて、エコロジカルにはいわゆる半砂漠、都市砂漠、セメント砂漠的な状態になっている事実が読み取れました。わずかに残されている、土地本来の潜在自然植生が顕在しているのは、皇居や古い社寺林、お屋敷林のみであることが明らかになりました。

現存・潜在自然植生図は、いずれも数多くの現地植生調査データ（緑の戸籍簿）を、ローカルから地球規模で比較可能な植物社会学的な二六の植生単位にまとめたものです。潜在自然植生図は一八の植生単位です。

では、東京周辺は本来、どのような「緑」、森だったのでしょうか。海岸沿いから川沿いの内陸部までは、タブノキやスダジイを中心とした森でした。さらに内陸部では、また関東平野全体でも、シラカシ、アラカシ、ウラジロガシ、アカガシ、ツクバネガシなどの常緑のカシ類によって占められていることがはっきりしました。つまり東京湾沿い、多摩川、荒川などの河川沿いなどの沖積低地やその周辺は、主にタブノキを主にした群落であり、台地、丘陵などにはスダジイを中心とした群落、そしてそれ以外もほとんど同様に、冬も緑の常緑広葉樹のシラカシ群集域で占められているのです。川沿いなどの斜面にはケヤキ、湿ったところではハンノキや一部クヌギもありますが、ほとんど九九％が常緑の森で覆われていることがはっきりしました。

現存植生図と比較すると、どんな災害にも耐えて生き残っている土地本来の自然林は、ほとんど二〇万分の一の縮尺の図上では明示できないほどの小面積で、限られた屋敷林、皇居、芝離宮、浜離宮、自然教育園など、わずかに小さな点で表示できるくらいでしかないのです。

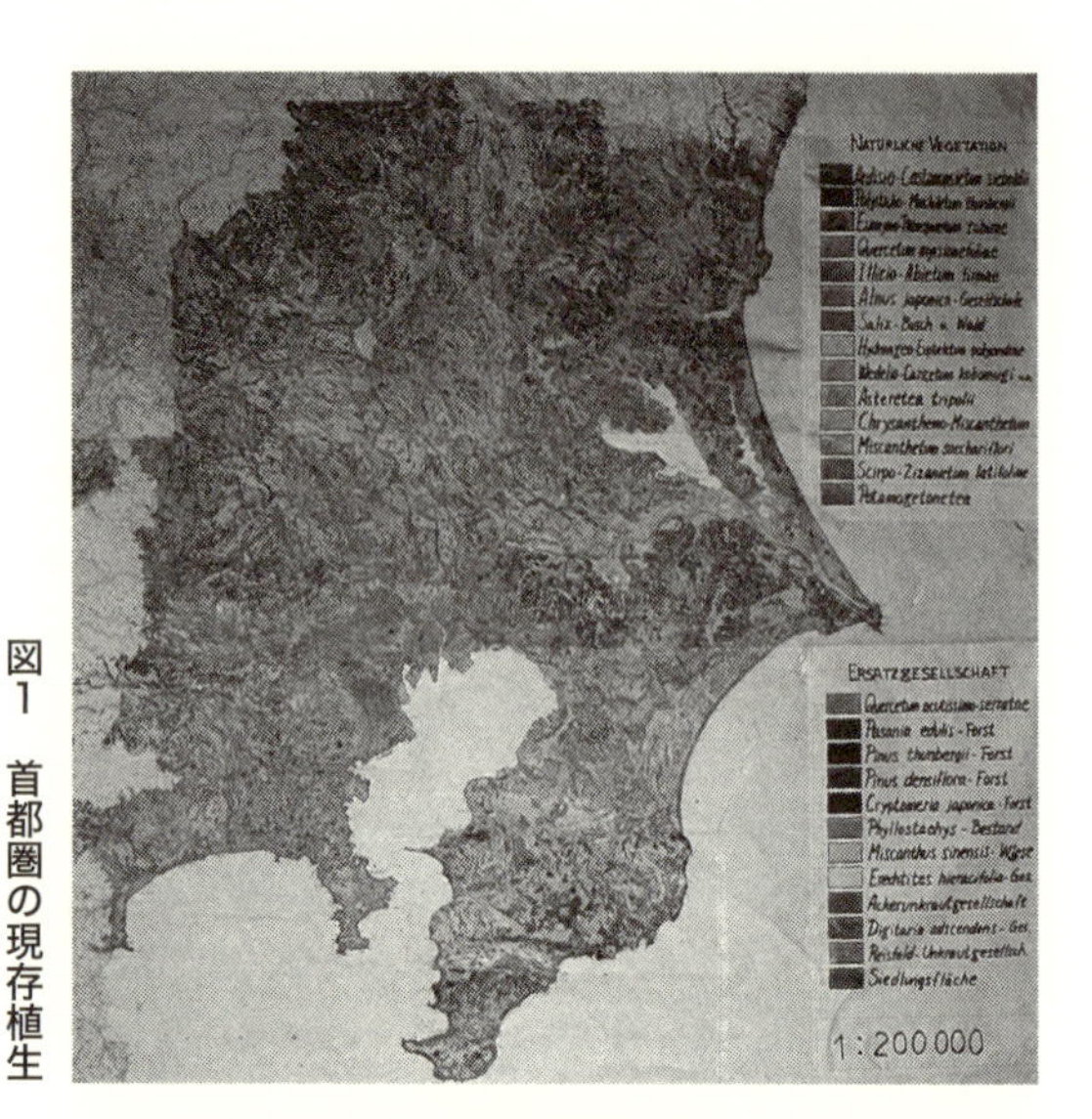

図1　首都圏の現存植生

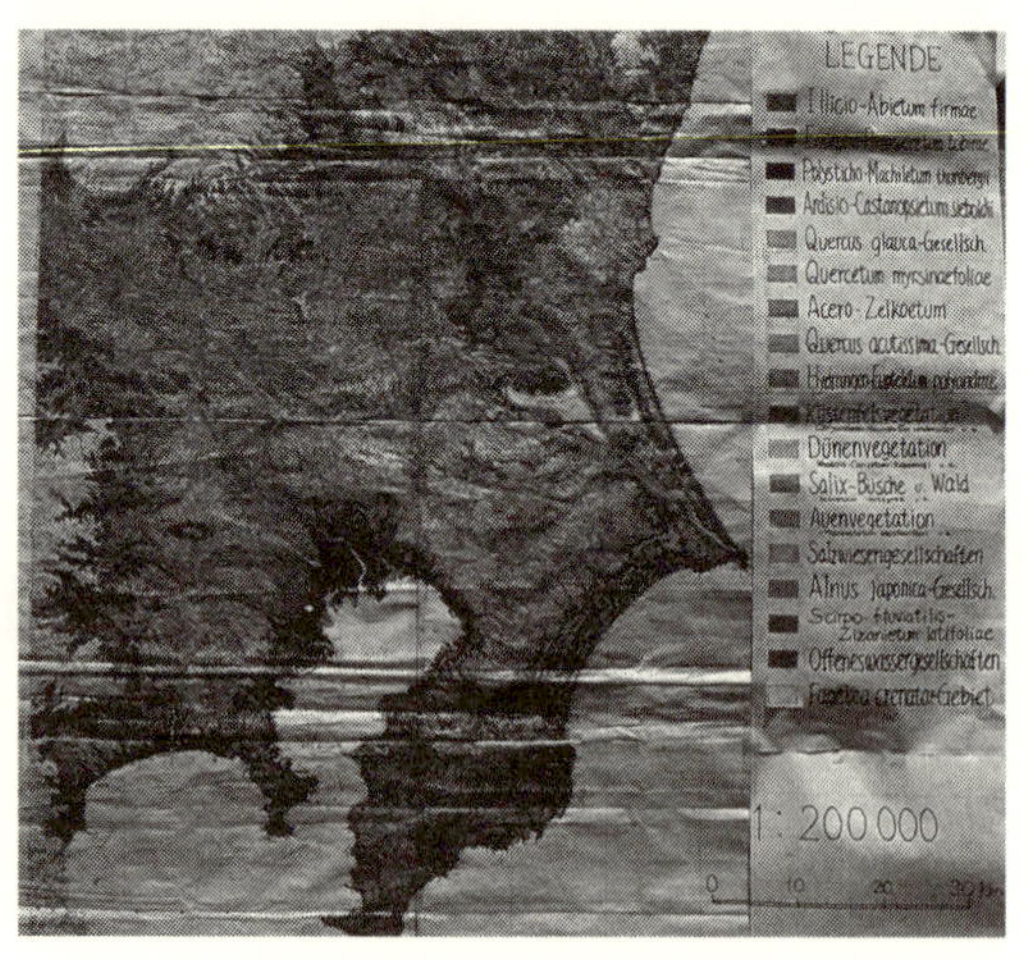

図2　首都圏の潜在自然植生

＊カラー版は巻頭口絵を参照

「自然度」によって本来の植生の再生計画をたてよう

また現存植生図と潜在植生図を比較して、大きく五つの単位に区分すると、どの程度「緑の自然」が残されているでしょうか。「植生自然度」を調べると、湾岸地域の現在の工業地域、空港などの人工施設、住宅の密集した下町地区では、ほとんど自然植生は残っていないという「自然度1」で、これは防災機能と持続的な環境保全機能を果たす土地本来の森を主とした植生が失われたところです。このような場所では、積極的に土地本来の立体的な緑の再生が差し迫って重要です。工場地域と、ビル、住宅などが混在・密集した地区では、住宅との間に、狭い面積でも立体的な、四季を通じた「緑のフィルター」をつくるべきです。

また「自然度4」のところは、いわゆる里山林であり、クヌギ、コナラなどの落葉広葉樹林の二次林や、スギ、ヒノキなどが人工的に植林された地域です。

「自然度3」のところには、将来にわたって健全な都民の生活・生存のために、できる

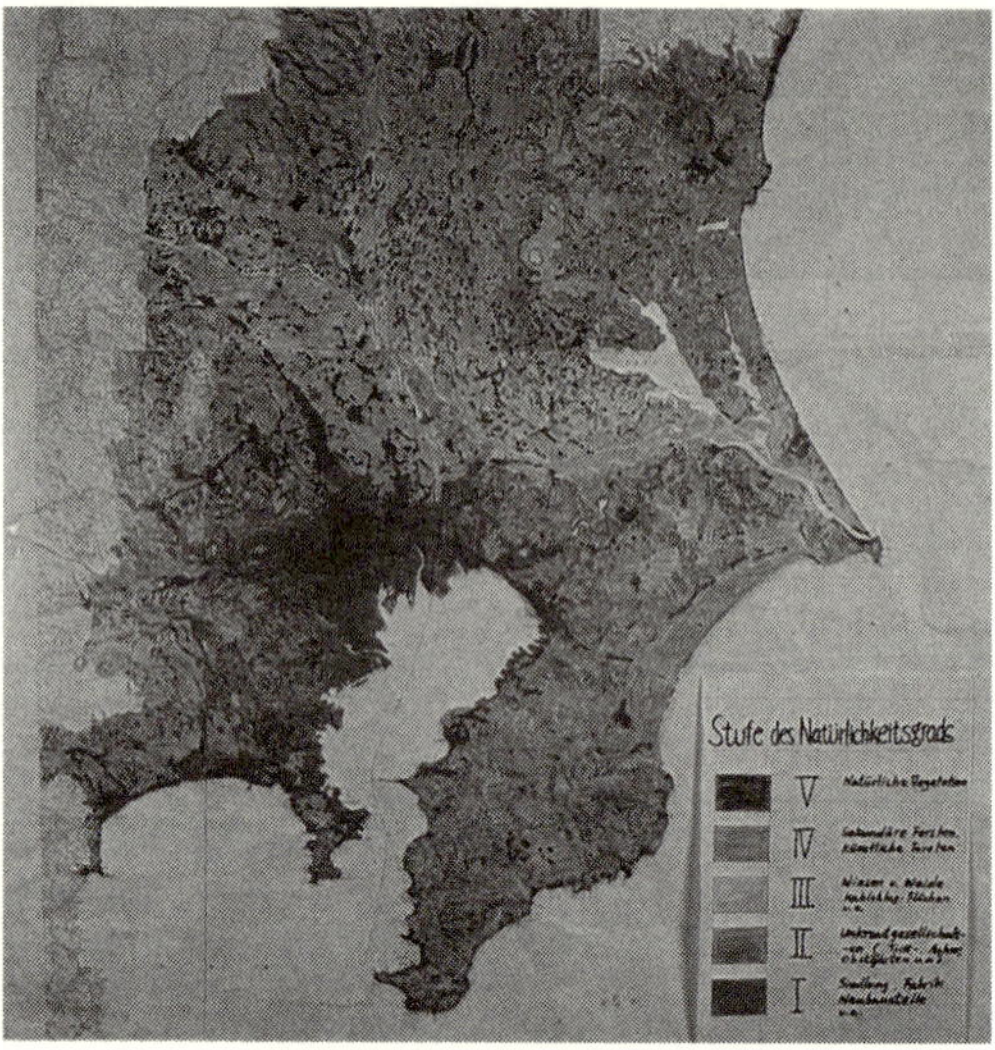

図3　首都圏の植生の自然度

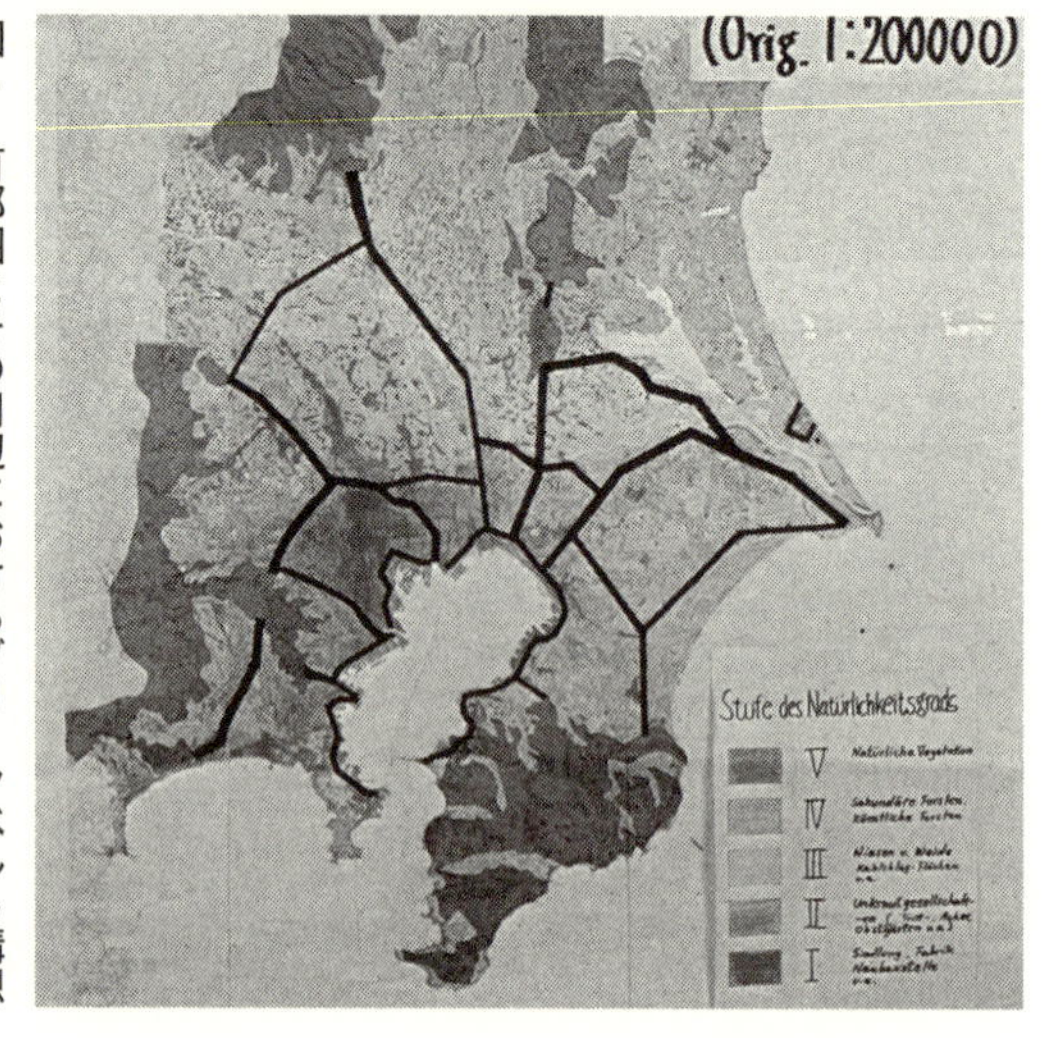

図4　首都圏とその周辺におけるグリーンベルト構想

＊カラー版は巻頭口絵を参照

ところから手をつけていきましょう。理想的には、工場地域と住宅地域間には、幅一〇〇〜三〇〇m以上の防災・環境保全林をつくるのです。また、残された樹林を結びながら、「緑の帯」として対応すべきところがあります。そしてその緑の帯を、できるだけ内陸部の、まだ多少緑が残されている丘陵や二次林地帯につなぐことが必要です。

「自然度5」のところはほとんどありませんが、これは皇居、現在の社寺林、自然教育園のところなどです。今あるものは残し、必要に応じて潜在自然植生にもとづく、より立体的な、樹高三〇m以上になる常緑広葉樹の幼苗を植樹し、積極的に防災・環境保全の森をつくるべきです。

未来志向の防災・環境保全林を

古くて新しい「ふるさとの森づくり」は、同時に最もモダンな、未来志向の防災・環境保全林です。大火、大地震、大津波、洪水、暴風、豪雨による土砂崩れを防ぎ、逃げ場所、逃げ道として使えるように、点から線に、線から帯に、首都圏全体を緑の立体的な防災・

環境保全林の帯で結ぶことを、私は提案します（図4参照）。

同時にこのような森は、平常時は快適な生活、持続的な生存基盤を保障する環境保全林として、騒音、排じん、集じん機能を果たし、夏季の猛暑に対してはヒートアイランド現象を抑え、冬の豪雪や寒風を抑えるような、都民の生活環境保全林としての多彩な機能を果たします。

また同時に、セメント砂漠化しているオフィス街などで働いている人たちの「癒しの場」となるでしょう。道沿いにある土地本来の生きた緑〝土地本来の樹林〟と共生することで、知的、精神的、感性的にも疲労回復となり、心身共に健康維持でき、保養、休養の散策道として、特に豊かな感性を育む、精神的な「緑の保養所」として、極めて多様な機能を果たします。

このように、思い切って、首都圏の都心部を中心に放射線状に、さらにネット状に、「立体的な緑の帯」をつくることを、私は提案します。

エレンベルグからの質問――質疑応答

以下は、以上の宮脇の発表に対しての質疑応答である。非常に多くの質問があったが、主なものは当時世界の植生学でナンバー2と言われていたH・エレンベルクからの質問である。

ハインツ・エレンベルグ（ドイツ　ゲッチンゲン大学教授）**質問**　東京、横浜市のように、市民の住居と産業立地・交通施設が複雑にからみあっているところに、いのちを守る森の帯、防災・環境保全林の帯をつくることは、思い切った非常に素晴らしい提案です。しかし、その実現には、すべての市民が、特に行政や企業は経済的にも、相当の準備、将来を見すえた多額の投資が必要でしょう。極めて重要で、今やらないといけない最も基本的な都市の問題ですが、目先のこと、一面的な考えにこだわる政治家、企業のトップ、議員の皆さんに理解していただくには、相当の努力が必要でしょう。特に工場立地と交通施設と住宅地区が重なりあって密集、混在している地区に必要です。ぜひ、先見性をもった政治家、経済人、各団体の首脳部の皆さんの思いきった決断によって、今ある森を残しながら、それをつなぐような森づくりを実現させるように提案したいと思います。

宮脇（答え） 日本のトップの行政、経済の方々に、長期的視野で正しく理解し、決断して計画していただき、都民、国民との協働プロジェクトとして、計画的に実施していただくことです。我々はまず、本番兼実験的に、できるところからやっていきたいと思います。まず木を植え、その成果をつねに懐疑的な行政や企業、各団体の皆さん、市民の皆さんに正しく理解していただき、それぞれの皆さんの生活の場、職場から広げていただき、進めていきたいのです。私は研究者・植生学者として、現場での調査・研究の成果を、将来のために積極的に、このように提案するのが義務だと自覚しています。

日本では社寺林、屋敷林などを昔から創り守り、土地本来の潜在自然植生の主木である照葉樹林などの森が、わずかでも残されています。このような日本の、世界でも類のない社寺林の森のノウハウと、まだ不十分ではありますが植生学とを総合した、二千年続いてきた社寺林を見本としながら、潜在自然植生にもとづく「すべての市民のいのち、意欲、知性、感性、健康の泉になるような森づくり」を目指していきたいのです。

二〇一四年から未来へ——まとめ

すでに私たちは一九七四年の六月（今から四〇年前）に、現地植生調査の結果を基本に、首都圏である東京を中心とした、現存ならびに潜在自然植生、土地本来の緑をしらべました。首都圏はじめ日本列島の九八％以上は、それぞれの土地本来の森でなくなっています。ですが、その土地の緑／森のあるべき姿である「潜在自然植生」を把握し、その成果を図式化して、それを基礎に、具体的にはもちろん模式図なのですが、世界の学会に提示しています。

この提案を、できるところから実現していきたい。幅も面積もその場所に対応しながら、万一の災害の場合には小さなお子さんを、あるいは熟年者を背負って、連れて逃げることができるような、大火、津波の中でも安全なところに逃げられるような森を考えています。点から線に、線から帯に。そして歩いて逃げられる程度のところに一時的な小公園や、学校のまわりに、立体的な「いのちを守る森」を、逃げ場所をつくるのです。さらに落ち着いたら、より安全なところに避難できるように、まわりにはより広く、安全な避難場所をつくることを、すでに四〇年前に提案してきました。

今から八〇年前に、「明治神宮の森」を計画・実現した本多静六教授が、一九三三年三月三日に北海道沿岸を襲い、三九〇〇余人のいのちを奪い、三〇〇〇戸以上の家屋を流出・倒壊させ、一五〇〇余隻の船舶流出被害を受けた災害に対して、すでに「森の防潮堤」の提案を行っています。

また関東大震災のあと、内務大臣兼復興院総裁であった後藤新平氏が都市計画者として提案していますが、財政的な事情などで実現できなかったので、第二次大戦のじゅうたん爆撃によって、都市部は廃墟化してしまいました。

特に住宅の密集したところにこそ、思いきって、市民のいのちと生活を守る火防木の機能を持った樹林を、また津波、洪水、暴風対策としては極めて強い波砕・防風効果としての機能を果たす多層群落の森づくりを進めていただきたいと考えます。

首都圏直下大地震に対しては、日本のすべての機能が集中している東京が、最初に影響を受ける危険があります。「災害は忘れたころにやってくる」と言う時代は終わりました。地球温暖化その他によって、気候の変化もローカルから地球規模にたいへん異状な現状になっています。今晩東京の中心部で、日本列島、アジア、世界のどこで何が起こっても不思議ではありません。

講演の最初に述べたように、人口、政治、経済などの過集中、日本のあらゆる最重要な人材、機能、施設の過集中が、エコロジカルには最も危険性の高いことです。今一番モデルになっている東京を中心に、今思いきって、いのちを守り、すべての市民の生活と日本のあらゆる機能を守る森づくりを、国土を守り、世界に発信できるような立体的な森づくりを提案したいのです。東京から世界へ。さらに地方都市や、すべての集落へ。そのプロセス、成果を、東京・日本から世界へ。

＊首都圏（関東地方）の「現存植生図」ならびに「潜在自然植生図」は、宮脇昭編著『日本植生誌』（全十巻）の第七巻「関東」（一九八六年、至文堂、六四一頁）の別刷の植生図（五〇万分の一）に、十二色刷で印刷されています。

森と神——「おんざきさん」と私の過去・現在・未来

八〇余年前の原風景

私の生家は岡山県の中国山脈の海抜四〇〇メートルくらいの中間山地の農村にある。かつてまわりはアカマツ林、クヌギ、コナラの雑木林、スギの植林、モウソウチク林、急斜面を耕した畑地、山あいの狭い棚田に囲まれていた。小さい頃は体が弱く、外で遊びまわるより母屋の二階の窓からぼんやりと外を眺めていることが多かった。よく目にしたのは農家の人たちの草取りの様子であった。夏は朝早く起きて、草刈りにいき、そのあとで朝飯を食べ、また畑にでる。ぶよや蚊をよけるために、ぼろ布をよじって火をつけて、腰にぶら下げていぶしながら、また畑の雑草を取っていた。集落全体がゆるやかな共同体で、農繁期には村の人が一緒になって田植えや稲刈りをしていた。また草ぶき屋根の母屋から尾根筋を三〇〇メートルほど歩いた先には、鎮守の森に囲まれていた「おんざきさん」、御前神社（現在の中野神社）という無人の神社があり、年一回十一月の頃にお祭りがあって、無塩（ぶえん）の魚が食べられるのでとても楽しみにしていた。その厳しいけれど何百年も続いてきたであろうこの地域の生活風景が私の原風景である。私にとってのふるさとの原風景は、八〇年余たっても忘れられない。

最近、たまにふるさとに帰ると当時の風景はほとんど失われている。子供の頃は、絵本で見る汽車や飛行機の音が毎日聞こえる都市にあこがれていた。今、想い返しても物質的には決して豊かな生活ではなかったが、たまの娯楽であるおんざきさんの秋祭り、備中神楽での思い出が、私の現在まで六〇年間、ひとすじに前向きな調査・研究、実践生活ができる礎になっていると思う。

土地固有の「文化」のかけがえのなさ

十代後半から進学、就職のため郷里を離れ、七〇年以上、東京、広島、鎌倉、横浜に住んでいるが、最初こそにぎやかな都市生活の利便性のよさに驚いていたが、緑豊かな農村で素朴な生活環境の中で育った私はだんだんと、このセメント砂漠の都市の中で文化と文明の違いを考えるようになった。留学先のドイツで文化 die Kultur とは「地域固有のもの」

おんざきさん（2006年7月撮影）

であり、画一的な文明 die Zivilisation とは異なることを恩師、ラインホルト・チュクセン（R. Tüxen）教授から学んだ。まさに私の生まれ育った中国地方の文化は、何百年も続いてきた原風景と共生していた。しかし今では、多くは思い出としてしか残っていない。

文明とは主に死んだ材料を中心に規格品づくりを強要し、世界中どこにいっても同じものである。レントゲンもコンピューター、テレビやラジオも原子力発電所もすべて全世界画一的である。それに対して文化は地域固有のもので、どの民族も土地固有の文化を持っている。もちろん我々が限られた空間で、物質的にも豊かな生活を送るためには新しい技術・文明も必要である。しかし同時に、その地域しか持っていない、何百年も生き延びてきた土地本来の素肌、素顔の姿、原風景、そこで長い時間をかけてつくられた文化のすべてを見失ってはならない。

セメント砂漠の都市の中で生まれ、死んだ材料でできたもの、いわゆるコンピューターや多彩な機能を持つ携帯電話を使うことに慣れてしまうと、ボタンを押せば好きなものがいつでも出てくるし、殺してもリセットすれば生き返るようなバーチャルな世界と、なまの現実の世界との境が分からなくなり、本物のいのちの尊さ、儚さ、すばらしさを見失い、またそれぞれの多様な自然環境の中で、築かれてきた文化も、生まれた土地本来のふるさと、原風景も見失ってしまう。このような生活をしていて、いつまで、生き物としての人間の心も体も、健全に生き延びてゆけるだろうか。

ふるさとの森を創る

生物学的には今、私たちが生きているのは地球にいのちが誕生して四〇億年、人類が出現して五〇〇万年、遺伝子（DNA）が一度も切れずに続いてきたからである。私の、あなたの、あなたの愛する人の遺伝子を未来につなげていく、その一里塚として今を生かされている私たちは、画一的な最高の技術・文明がますます発展するなかで、人類の、そして日本人の現代の発展の母胎として、まちがいのない土地本来の生活、文化を何百年も育ててきた、それぞれの地域固有の多様な山、川、湖、浜辺や草原、またその中の素朴な家屋、集落やそれらを囲む鎮守の森や里山の雑木林などを、単なる郷愁ではなく、私たちの現在を支える原風景として、もう一度見直したい。できることなら、都市砂漠に住んでいる人たちに少し不本意であっても、まちがえなく毒をかけない、ブルドーザーを駆使しない自然の営み、生活を、子どもたちに、また壮年期に忙しく働いている人たちにも熟年者にも、夏休み、冬休みの休暇などにもう一度残された日本の原風景の中で生のいのちの尊さ、儚さ、素晴らしさを実体験を通して理解し、ふるさとにわずかに残されている森を残し、創り、守り、積極的に再生してほしい。そこで生物としての人間の知的、感性的ポテンシャルエネルギーを回復し、その成果を踏まえて、より間違いのない新しい技術・文明を発展させようではないか。

私は現在、厳しいけれど希望を持って前向きに体を動かしながら駆けずり回り、生活し、働き学んだその原点を基礎に、また中国山地南斜面の原風景を魂のよりどころに、日本、世界各地にいのちの森づくりを進めている。私にとっての原風景とはまさに車も走っていない、一日二回のバスに乗るために一里の山を降りないといけなかった、ふるさとである。生の魚を食べられるのは秋祭りと正月だけであったが、そこは、亡くなった（戦死した）兄たちの弔いの場所である心のふるさとである。無人の社の鎮守の森に大きなウラジロガシとアカガシがあったおんざき神社こそ、私の原風景である。

第二次大戦後、廃墟の中から現在の発展をとげたのは先達たちの努力と新しい技術文明の成果である。反面残されたふるさとの森は急速に破壊された。私たちが限られた国土でこれからも健全に生き延びるためには、今こそ沖縄の御願所（うがんじゅ）、御嶽（うたき）、本州、四国、九州のまだ残されている鎮守の森に象徴される原風景を守り、未来への日本人の贈物として、できるところから、あらゆる自然災害に対しても、いのちを守る、ふるさとの森を共に前向きに創ってゆきたいと願っている。

〈インタビュー〉

「いのちを守る森づくり」をやろう

聞き手＝藤原良雄
（藤原書店社主）

森を破壊すると、文明は滅ぶ

――今日は、三年前の東日本大震災の大津波からの復興として、コンクリートの防潮堤ではなく、「森」――「緑の防潮堤」を築くことで津波から守ろうという活動をしておられると聞いて、ぜひ宮脇先生のお話をうかがいたいと思ってまいりました。

二〇一一年三月十一日は、インドネシアのジャワ島の森づくりに行っていました。ジャワ島は、ジャワ原人が発掘されたところです。熱帯多雨林です。土地本来の森が破壊されているので、インドネシア政府から乞われて、出かけていました。その破壊は、砂漠とまではいきませんが、かなり進んでいるのです。文明というのは、メソポタミアもエジプトもギリシャも、当時世界最大の強国のローマ帝国も、森を破壊して都市をつくり、文明をつくりましたが、森を破壊しつくしたときに都市は劣化し、民族のポテンシャリティまで落ちて、数百年で滅んでいます。

ＥＵ（欧州連合）は、それぞれの国家を一つの国のように通貨を統一して、うまくいっていたのですが、二、三年前からおかしくなっています。その引き金になったのは、世界の文明を最初に築いたギリシア、イタリア、スペインといった、メソポタミア、エジプト、古代ギリシアの血を引くラテン系の国々です。つまり、森を破壊したときに、民族のポテンシャリティまで落ちているのです。そして、かつてローマ帝国をつくったローマ人たちが、北の人々――イングランド、アングロサクソン、ゲルマン、それからスラブ系の民族を野蛮人のように言っていました。その人たちが、ヨーロッパ大陸やイングランドで現代の世界文明の中心のロンドンやパリ、ブリュッセル、ベルリンといった、日本で言えば関東以西では海抜八百～千六百メートル、あるいは北海道のような、冬は寒くて葉を落とす落葉広葉樹林域に発達しています。ヨーロッパなどでも十二世紀頃から農地拡大などで急に開発が始まり、一部の人たちが大西洋を渡ってアメリカ東部のアパラチア山脈から大西洋まで、アメリカのニューヨーク、ワシントン、ボストン、フィラデルフィアへと新しい都市文明を発達させていったのです。

日本には、黒船と一緒に植物学者が来ています。この日本列島南北三百キロは、アメリカとよく似ていた植生なのを、彼らが調べたのです。「ユーロ＝アジア」と言いますが、ヨーロッパでもアメリカでも日本でも、ブナもミズナラもカエデもオリジナルは同じで、数万年前に分かれたのです。いわゆる文明国で、日本も属している常緑広葉樹林帯にもとから住んでいた民族で、唯一生き残っているのは、日本民族だけです。

私が七十数年日本列島の各地を現地植生調査・研究を行って調べた結果では、シイ、タブノキ、カシ類がポテンシャルの常緑広葉樹林域に、現在日本人の一億二千万人の九四％が住んでいます。その文化の母体であり生存の基盤である、本来の照葉樹林は、私が国際会議で発表したとおり、今では土地本来の常緑広葉樹林は〇・〇六％しか残っていないんです。そしてその土地本来の森や主木のシイ、タブノキや、シラカシ、ウラジロガシ、アカガシなどは、今度の東日本大震災でも阪神・淡路大震災でも、生き残っているんですよ。

ガレキを使って、いのちの森をつくる

東日本大震災の日、ジャワ島で山から下りて、宿のテレビで、濁流の中に家や車が流されていくのを見ました。どこのドラマかと思っていたら、「ヤパン（日本）」だというのでびっ

くりして、なかなか帰れなかったのですが、やっと三日後に帰れました。すぐに被災地に行きたかったのですが、なかなか入れなくて、初めて入ったのは四月七、八日ごろです。那須塩原駅まで新幹線、仙台からそこへ迎えに来てもらって、車で行きました。そこで見たのは、テレビで見たのとはまったく違った。

仙台平野に最初に入って、現場に行きますと、この世の地獄というような、ガレキの山なんです。本当にびっくりすると同時に、私の生態学者としての勘で、「これは使える」と。危機はチャンスです。つまり、ガレキのほとんどは木質資源、窒素、リン、カリウムです。ゆっくりと好気性のバクテリアに分解されたら、森の再生に役立つし、すき間があいていますから、さらにいい。つまりガレキを土台にして、土を盛って、木を植えるのです。根は息をしていますから、すき間が大事なんですよ。しかもガレキには、亡くなった人たちの遺品がまじっています。また、そこで何代も生き延びてきた人たち、生き残った人たちの歴史が濃縮されているんです。

植物は根で勝負します。ポットなどに種子、いわゆるシイ、カシ類などのドングリから根群の充満したポット苗をつくり、ほっこりと盛ったマウンド上に混植・密植します。根は息をしていますから、密閉されて土がつまってかたまっていたり、水がたまると根は息ができなくなります。空気は千分の四百、酸素があるが、水は千分の四ですから、木の根も七〇時間以上たまり水につかっていると、酸欠で根が腐るんですよ。よく東京なんかで、五万円で五メートルの成木を植えて、頭が枯れているのがある。頭のおかしいのは下もおかしい、抜いてみたら根がないか、あるいは息ができないかです。ガレキを入れればすき間ができて、酸素がいきわたりますから、ガレキは地球資源として使えるんです。

壊された「世界一のコンクリート防潮堤」

それを、何十億円も税金をかけて、嫌がる九州から北海道に持っていって焼いてしまう。木質資源の五〇%はカーボンですが、環境省は当時、温暖化のことを一言も言わずにどんどん焼かせてしまったんです。焼却場が足りないのをつくって、焼却が終わったら、また壊すのに何億円もかかるわけでしょう。日本人はそういう小手先の対応はうまいけれども、長期指向、未来指向がない。私たちが生き延びているのは、物や金、エネルギーだけではありませんよ。本当に宇宙の奇跡として、たった一つの地球に、四十億年前に、科学的な偶然あるいは必然性によって、原始の命が生まれてきたのです。その遺伝子、DNAがよくぞ切れずに四十億年続いてきたから、あなたも私もあるんですよ。一度切れたら、絶対につながらないのです。

植物の根が呼吸できるように工夫した「ポット」。ここに苗を入れて育てて、植える。

震災前、釜石ではギネスブックに載ったほどの、水面下二六メートル、水上八メートル、幅二〇メートルの防潮壁で、絶対大丈夫と言っていましたね。ところがこの二キロの「死んだ材料」――鉄やセメント、石油、化学製品など――でつくった壁は、あの通り、津波が来て、釜石だけで千人、全体では二万人も殺したのです。コンクリートに激突して、津波のエネルギーが倍になって破壊する「ジェットコースター効果」です。ところが、その北の大槌町などでは、いま皆さんに植えていただいているタブノキや、シラカシは残っているんですよ。それが津波をくい止めたんです。「死んだ材料」ではなく、「生きた材料」をどう使い切るかが重要です。

本物は、長持ちするものです。そういう森づくりを、国内・海外問わず、今では千七百カ所以上でやっています。明日からはブラジル、アマゾンへ行きますけれども、「四千万本以上も植えた男」と言われております。私は偽物は嫌いでしてね。やはり中身で勝負するわけです。ところが日本人は、上っ面の格好がよければ、色と匂いと味と香りをつければ毒でも食らうという、今はもはや生物的な本能まで麻痺しているんです。

——ガレキを活かして、本来の森に向けて植樹をすれば、防潮堤になるというのですね。

生命を守り、皆さんの遺伝子と生活・文化を守る防潮堤です。地域固有の、本物の緑の森は、観光資源としても、世界中の人たちが見に、学びに来るでしょう。資源のない日本がこの東日本大震災でだめになるか、ひょろひょろ生き延びるか、危機をチャンスに輝かしく発展するか、いま世界中が注目しています。我々日本民族は、限られたこの島国で、恐らく何千回もあったビッグバンと言われるローカルから、グローバルな自然災害に耐えて、今日まで生き延びてきているのです。危機はチャンスですから、絶滅するのもいるけれど、そこでさらに発展できるのです。日本人は、横一列にならんで、人がやったらやるという人が多いけれど、私たちが明日のために今すぐできること、それはガレキがあればガレキを使い切って森をつくって、国家プロジェクト、国民運動として本気でやらなければできません。

二十一世紀の森づくり

地球四十億年の生命の歴史の中で、人類が出現したのは、最後の五百万年、そのうちの四九九万年のあいだ、我々の先祖は、森の中で猛獣におののきながら木の実を拾って生き延びてきたんです。しかし今のように物も金もエネルギーも「足りない、足りない」と言いながらあり余っているところで、最高の技術、最高の科学で予測したと言われていたものが、まったく最高ではない、不十分だったのです。なぜならそれは、幾ら広く調べても、地球はぐるっとつながっているのに、一点しか調べていないからです。どんなに長期に五十年、三十年調べても、四十億年の生命の歴史のほんの瞬間、ほんの部分的で、どれほど厳密に調べてコンピュータにインプットしたって、すべてが当たるはずがないんですよね。

コンピュータのデータだけで済むなら人間は要らないのであって、コンピュータの後ろの隠れたバックデータとトータルで総合判断する。これは、技術や環境問題だけではありません。総合判断力こそ、文学であれ、芸術であれ、とくに科学・技術で重要であると思います。「見えるものだけ」ではなく、「見えないものを見る力」——私はドイツ留学のとき、恩師にそのことを徹底的に教わりました。

では、未来に何を残すのか。私の、あなたの、あなたの愛する人の、家族の、日本人の、人類の——遺伝子DNAを未来に残す一里塚として、百年足らずの時をいま生かされているのです。そのかけがえのない遺伝子の緑のしとねが、土地本来の、本物の、ふるさとの木の、ふるさとの森です。

日本人は、縄文時代後期から弥生時代に、森の中から出てきて定住生活をするようになりました。二千数百年前に稲作が入ってきて、今までいのちと生活を守る神様だった森が邪魔になり、どんどん切ったり焼いたりして、森を破壊して田んぼや畑や都市をつくったんです。しかし、人間もそうですが、自然には必ず急所があります。山のてっぺん、急斜面、岬であるとか。日本人は、集落の一番大事なところ、何があっても生き残るような高台などに、ふるさとの木によるふるさとの森、鎮守の森を四千年来つくってきたのです。その日本人の英知と、まだ不十分ですが生命と環境の総合科学、私の専門としているエコロジー、植物生態学、植物社会学、植生学的現地調査・研究成果を基本にして、二十一世紀の森をつくろうとしています。

その場合、「何を植えるか」が大事です。偽物は植えない方がいい。本物は、初期の成長・移植が難しい、植木屋さんが嫌がる。しかし嫌がるものを使い切らなければ本物じゃありませんよ。

生態系にむだなものはない

一番大事なのは、いのちです。いのちは本物でございますから。「いのちを守る森づくり」——それを誰が何と言おうとも、やっていきます。今やっと、国の直轄事業として太田昭宏国土交通大臣直轄の「宮脇プロジェクト」が動きはじめました。国会でも、二階俊博会長の国土強靭化総合調査会主催の会でも、百名近い国会議員の皆さんの前で「生きた構築材料を使い切り、国土強靭化を」と提案させていただきました（同法案は、今国会で成立しました）。

「ガレキは地球資源だ」と言うと、みながすばらしいと言うけれど、実行にうつすのはやり切らない。いろいろ悪戦苦闘しているとき、細川護熙元首相が電話をかけてきて、「苦労しているようだけれど、もし僕でできることがあれば」と言ってくださいました。すばらしい方です。細川先生は、熊本県知事をしておられた時からのおつきあいです。「一つの村で一つの森づくり」を提案して。細川先生のお力で、野田総理や、平野復興大臣、細野環境大臣（いずれも当時）などと話すことができました。しかし、やらなきゃゼロなんですね。

環境大臣とも話をして、ガレキから、有害な毒を排除するのは当たり前ですし、分解できないビニールも排除して使います。しかし実際に現場を指導する廃棄物係長やその部下というのは化学出身で、現場を知らない。実験すれば落ち葉をいっぱいためて、こう押さえておけば熱が出るんですね、それがひどくなればメタンガスも出すかもしれない。あるいは有機物が全部分解して穴があいたら、子供がそこに落ちてけがをするとか、ばかなことを言って、うまくいっていませんでした。

昭和四十八年（一九七三）、今の中国以上にＤＤＴなど垂れ流しで、ホタルもゲンゴロウもいなくなったとき、慌てて廃棄物処理法をつくりました。家庭から出るものも、台所のも何も、全部焼け、焼けというものです。これは、生態学的には一番下策なんですね。生態系に無駄なものはないんです。すべてが生産―消費―分解・還元システムの中で、ローカルからグローバルに続いているんです。

やっと今、太田国土交通大臣が国の直轄で（二〇一三年六月）、この間は（二〇一三年十月）桜井市長を中心に、不可能と言われていた、原発事故の被害のあった南相馬市でも三千人で三万五千本、私が提案した、ガレキを地球資源として南北三百キロの森の防潮堤をつくる動きが始まっています。

幸福とは、「いま生きていること」

美しい日本の国は、世界で一番自然災害の多い国です。内陸であっても、台風や暴風雨、洪水、あるいは火事、いつ、誰が、どこで死んでもおかしくない時代です。全てのところに、「いのちを守る本物の森をつくろう」と提案しています。なかなか進みませんが……。

しかし、掃除機なんかはみんなに買ってもらわなきゃいけないでしょうけれど、こういうことは、わかる人間にまずやってもらえれば、一億二千万人全部でなくてもいい。できるところからやっていく、これが私の主義です。そうしたら幸いにも、再来年の春まで、土日は全部内外での森づくり実施プロジェクトでいっぱいです。明日からブラジル、アマゾンに行きまして、帰ったらすぐヒマラヤ、二月にはボルネオ、中国です。

すべてを部下や、行政に丸投げするなと言っています。私は、大事なときは必ず自分で行きます。やっぱり違うんですよ。生物は、何もしなかったら退化します。危機をチャンスとして、積極的に頑張っていきたい。難しいけれど、それが一番やりがいのあること。

やらなきゃいけないことです。

本当に、幸福とは、「いま生きていること」です。何があっても。五百万年の人類の歴史で長い間、夢にも見なかったほど、物もエネルギーも食べ物も、紙切れにすぎない札束もみんなありながら、なぜ毎年三万人も自殺しているのか。動物の世界でもやらないようなことが、家庭内や学校で不幸な問題が、新聞、テレビに出ています。幸福とはいま生きていること。生きがいとは、明日のために今すぐ私が、あなたができることを、前向きに進めることだと思っています。私は、エブリタイム・エブリハッピーなんです。だって、生きているじゃございませんか。私は、困ったことがないんですよ。何があっても、生きていますからね。

危機をチャンスに

――大震災が起こり、原発事故がありましたが、あのときほど、いかに専門家、専門研究者が無能であるかということが露呈された時はないと思うんです。何もできなかった。

まさにそうですよ。何も役に立っていない。そして彼らがやっているのは、引き算ばかり、小手先の対応ばかりなんですよ。四十億年続いた命を、次の氷河期が来るまで、あと九千年はもたせなきゃだめなんです。我々の遺伝子を、何があっても。私がつくる森は、現代から、九千年先まで続く森です。

「引き算しない」——何があっても後ろを向かない。一歩でも二歩でも前に、しがみついてでも行く、できるところからやっていく。

セメントは、昔は無限のように言っていましたけれど、国交省の役人によると、五十年しかもたないそうです。自民党の二階俊博さんは、国土強靭化法を今度やっと国会を通されましたが、コンクリートだけでは強靭ではない、固めるばかりで壊れてしまうんですよ。「生きた材料を使い切れ」と、私は言うんです。国土強靭化総合調査会会長でもある二階さんは和歌山県の出身です。関電の御坊火力発電所など、海中に人工島をつくりまして。そこに不可能と言われたのを、私と当時建設所長として着任された、東京大学の土木を出た錦織さんとで、埋め立てられた人工島のまわりに見事に防潮防災環境保全の森ができているわけですよ。それを、県会議員時代から見ていたそうです。だからぜひということで。

――三・一一の大事故が起き、日本のこれまでの経済成長主義は方向転換になるだろうと思ったのですが、全然そうならない。文明にはポジの面とネガの面がありますが、完全に限界を超えているわけですから、方向を変えなければいけないわけですが。

みんな元に戻ることしか考えませんしね。私は前向きに、危機をチャンスに、もっとよりよい環境、よりよい職場、よりよい仕事、よりよい成果を上げなきゃ、だめなんですよ。危機をチャンスにして、今度は前向きに、より豊かにすると。法律化するには、各省会議で二年も三年もかかる、それなら拡大解釈するなり、超法規でやるなり、方法はあるのに、まず引き算から、やらないことから考えますから。そして今またコンクリートの防潮堤をつくると言って進めていますが、同時に私はこれからはとにかく日本のそれぞれの土地本来の木を、いのちを守り、心も体もより豊かな未来指向の本物の森、常緑広葉樹を植えていくつもりです。

――まさにそれこそ私は科学的であり、科学的思考だと思うんですがね。

現場で体をつかって調べる

現場で、自然が何千年も何万年も何億年も、そして何千回も襲ったであろうローカルからグローバルな自然のゆり戻し、自然災害にも耐えて生きのびてきた、間違いなかった方法です。私の木の植え方は「宮脇方式」と呼ばれているらしいですが、「宮脇方式」でも何でもないんですよ。ただ生き残った自然の森の掟に沿って。自然界には一種類だけのものはありません。土地本来の潜在自然植生の主木群を主に、できるだけ多くの、その森の構成主木群を混植・密植します。みんなで競争しながら、共に少し我慢して共生するという形になっています。マツ、スギなどを単植するのではなく、できるだけ土地本来の森を構成しているできるだけ多くの樹種を混植、密植するのです。

「最高条件」と「最適条件」は違うので、最高というのは非常に危険な状態で、あとは破滅しかありません。ですから、「エコロジカルな最適条件」とは、生理的な欲望が全て満足できない、少し厳しい、少し我慢を強要される状態であることを、ドイツのH・エレンベルグ、H・リート教授たちはいろんな植物群落の消長などの生育実験で証明していま す。一番トップに立つと、非常に注意しなければなりません。あとは破綻しかないからで す。最高で生き残った者も、国や集団も、地球上にはなく、全てだめになっています。

ドイツで学んだ私の生涯の恩師R・チュクセン教授に、渡独当初は「まだおまえは人の 話を聞くな、本を読むな。まず現場に行って、自分の体をつかって、四六億年の地球の歴 史、四十億年の生命の歴史、五百万年の人類の歴史を、目で見、手で触れ、においをかげ、 なめて触って調べろ」と言われて、六十年この同じことばかりやっています。

私は雑草生態学から始めましたが、恩師の堀川芳雄教授に「雑草なんて誰にも相手にさ れないぞ。ただ、理学と農林学の境にあって、誰もやっていないから面白いぞ。おまえが 生涯続けるならやりたまえ」と言われて、七十数年同じことばかりやっています。その場 その場の、社会の移り変わりも慎重に見きわめながら。ただ、背骨は動かさない。だから 不遇の時代も非常に多かったけれど、今では皆さんに来ていただいているし、いのちの森 づくりの予定もずっと埋まっています。

自然科学者でもある文豪ゲーテ

私は昭和三十三年（一九五八）にドイツに留学しました。助手のときに行ったのですが、研究所にいた先輩は、みんな私より偉い教授でした。R・チュクセン教授が所長で、私のドイツ語が下手で「イッヒ・ハイセ・ミヤワキ（私の名前は宮脇です）」のIch（イッヒ）が「イシ」に聞こえるというので、「イシ」というニックネームでした。

チュクセン教授の植物社会学の理念を支えたJ・シュミットヒューゼン教授の『植生地理学』を八年ほどかけて私が訳して、朝倉書店から出ています。そのシュミットヒューゼンとチュクセン教授と一緒に、ドイツ政府の金で来日し、三カ月間、日本を北海道、九州まで一緒に回ったことがあります。チュクセン教授の主導で現地で一所懸命、私たちと植生調査をしました。

シュミットヒューゼンは、総合的に考える思想家でもあったのですが、こう言っていました。――あの有名な文豪ゲーテは、植物学などの、すばらしい自然科学者でもあった。

全てを全体として（Als Ganzheit）見ていました。ところが幸か不幸か、十八世紀の終わりごろ、寒暖計で温度が測れるようになり、リトマス試験紙でpHが測れるようになり、それからは測れるもの、計量化できるもの、コンピュータにインプットできるもの、金に換算できるものが科学・技術の対象であって、それがどれほど生命に、トータルな環境に必要であっても、今の不十分な科学・技術、医学で計量化できないものは非科学的という考え方が、十九世紀から始まった。それはアメリカ経由で二十世紀まで、そして二十一世紀の前半もそれで行くだろう、と。しかし二十一世紀の後半は、Neue Goethe Zeit（ニュー・ゲーテ・タイム、新しいゲーテの時代）でないと。科学的なデータも踏まえた総合の時代にならなければ、人類はこのダイナミックな社会で、多様な自然環境の中で生き延びていけない、と。まだ当分なっていませんけれどね。

その土地本来の「本物の森」をつくる

私がやっているのは、人間サイドからだけの人工の森、自然に対していわゆる偽物の森をつくることではなくて、その土地本来の「本物の森」をつくることです。そのためには、今目に見えているものだけではなくて、そこの土地が本来どのような植生か、森かということを見きわめなくてはならない。その「潜在自然植生」という概念をチュクセン教授から聞いたとき、はじめは忍術ではないかと思いましたよ。厚化粧をとおして素肌を見るような方法ですから。そのときチュクセン教授が言ったのは、今の若者には二つタイプがある。一つは見えるものしか見ようとしない者、彼らは計算機、今のコンピュータで遊ばせておけばいい。もう一つは、見えないものを見ようとする努力をする者。彼らは徹底的に現場で、彼の研究所で三年間以上努力すれば見えないものが見えるようになる、「お前はそのタイプだ」と脅迫されたり、おだてられたりしてやってきました。

実証科学というのは、見えないものを含めて実証科学です。現在のまだ不十分な科学・技術だけで、見えるもの、測れるものだけでやるのは、「死んだ材料」ならいいけれど、生命も心も、トータルの環境も、今の不十分な科学・技術では絶対完全な本質をおさえた計量化もできないわけですからね。文学や芸術的な才能でもそうでしょう。見えるものというのは、測定対象も測定時間も、四十億年続いてきた生命の歴史、どれほど広い空間を対象としても、地球規模につながる空間の一点の測定計量化にすぎない、限られたわずかなものですから。

その子しか持っていない能力がある

教育者として私は言うのですが、いま日本人の教育は個別的に「与える」ことしかしていないでしょう、算数、国語、理科、社会、英語などたて割り教科の詰め込み教育です。教育はドイツ語でエアチーフング（Erziehung）と言いますが、英語のエデュケーションも同じで、「引き出す」という意味です。算数、国語、理科、社会が多少できないからといって、親や教師はその子をおろそかにしてはいけない。その子の顔が世界でその子しか持っていないように、必ずその子しか持っていない能力があるはずです。それを家庭で、学校でいかに引き出すか、そしてそれを多様な人間社会に使い切ることが、その個人のためにも人類社会にも役立つことだということもドイツで教わりました。日本では個別の教科の詰め込み、押し込みだけ、それも大事ですが、それだけでは不十分です。私は若いときには、何でこんな顔に生んだのかと親を恨んだこともありましたが、私と同じ顔、あなたと同じ顔をした人は、いまだかつて地球上に一度も生まれてこなかったし、いま七十億人いる中にも誰一人いないし、これからも生まれてこない。よかろうが悪かろうが三千世界で私しか、あなたしか持っていない顔ですからね。能力も、確かにそういうものなんですよ。

――顔もそうですが、「多様性」ですね。その地域に根ざしてきた、多様な生き物の中で我々も生かされているという……。

そうです。例えば昨日やった山口の植樹祭では、三五種類を植えました。神奈川県山北町のトヤマ（精密機械をつくる会社）では一昨日は四十種類、四百人で一人四十本、合計二万五千本植えました。その前は田辺市、四日市にも植えてきました。好きな種類だけ集めない。人間社会でも枠を越えるときには、切られる覚悟で出る。枠を越えたときは切るべきだけれど、現在のゆるい生物社会の枠の中にいろんな生き物がいたら、何かに役立つ。ただ、森づくりにも、その土地に合わない、いわゆる偽物は植えない方がよい。

主木を中心に、それを支えるできるだけ多くの、その子分になる生き物をまぜて、競り合い、競争しながら、少し我慢して共生する――これが健全な生物世界の原則です。

たまたま今回は東北でしたが、この次は首都圏直下地震かもしれないし、東南海もある、日本海側、沖縄……美しい日本の国土は、自然災害の多い国、いつ何があってもおかしくありません。できるところから、全てのところで、九千年続く「いのちの森」をつくる。植えるところがないとは言わせません、三本植えれば森、五本植えれば森林です。野鳥がかわいそう、他人がかわいそうじゃない、私のために、あなたのために、あなたの愛する人のために、あなたの会社が生き延びるために植えるという、「自分のため」でいいんですよ。自分が生き延びるのが一番大事なこと、自分の命を守ることです。他の人のいのちを守ことにつながります。それが一番の基盤ですから。足元から、できるところから、未来に向かってやっていく。

――今回はたまたま東北で震災があり、先生が「いのちを守る防潮堤」をコンセプトに森をつくる活動をされていますが、それだけではなくて、日本はおろか世界のあちこちでそういう森づくりをされてきたんですね。

そうなんです。十二カ国、千七百カ所、もうそれ以上になっていますね。世界で「四千万本以上木を植えた男」と言われています。研究者ですから、先輩からは「育つ木はカーボンをどれだけ吸収するか、酸素をどれだけ出すか、そういう計算もしたらどうか」と言われるんですが、「そういうことは人がやる。俺は木を植える」と。

――今、「緑の防潮堤」プロジェクトの進行状況はいかがですか。

できるところからやっています。日本人は、「そのうち」ならやらない、日にちを決めればやりますから。なかなかすべてが、そこまではまだ行っていませんけれども。しかし、できるところから着実にと思っています。万里の長城だって、石でつくって、二千年かかっているわけですからね。私は楽観しています。

今はまだ点ですが、これを線に、帯にして伸ばす。北は、照葉樹林のタブノキやカシの北限に近い大槌町、ここにはもう三回、森づくりを毎年横浜ゴム株式会社の主導により五千本ずつ植えて、確実に育っています。それから岩手県、宮城県、福島県も始めています。

私は東北にこだわっているわけではありません。静岡県掛川市や沼津市でも、次は東南海地震かもしれませんから、市長が非常に熱心にやっています。

日本列島南北三千キロの海岸をはじめ、内陸では川沿いに、工場の周りに、交通施設、学校、商店の周りに積極的に森をつくる。周りに植えていただいて、邪魔になれば横枝を切っても、頭は切りません。空は無限にあるんですから。植木屋さんはすぐ頭を切りたがるけれど、人事管理も自然の管理も同じで、伸びたいやつは伸びさせる。頭を切らずに横枝を切って、切った小枝などは焼かないで、捨てないで森の中に入れておけば肥やしになって、また木が大きくなります。

二十一世紀を拓く思想

日本人は、目先、小手先の対応はうまい。あれもこれもやっていたらどれも消えてしまいますけれど、私は、何とかの一つ覚えで、同じことばかりやっています。いのちを守る木を植えることについては、世界のナンバーワンなんです。それでいいと思います。私は非常に単純な男で、家内には「あなたはかわいそうな男で、釘一本打てないし、ゴルフもできない、酒もたばこも飲めない、男の喜びも知らないでかわいそうな男だ」と言います。私はアルコールとニコチンには能力ないんですけれど、それで結構。別に楽しいと思わないけれど、困ったとも、つらいと思わないんですよね。

——先生のそういう発想は、二十一世紀を拓く思想のように思いますね。

ありがとうございます。自分では意識していないんですが。最近来るようになったマスコミの人からは「いつから植物が好きであったか」と聞かれるんです。「生まれる前から好きだ」と答えたら喜ぶんでしょうけど、「今でも特に好きとは思わない」と。好きでなくても嫌いでなければ、それで六十年、七十年、八十年、九十年が過ぎれば、それも一つの人生です。

この考え方は女性には通じないらしくて、ある雑誌で小さいコラムに「好きでなくても」と今のことを書いたら、学生には評判がよかったんですがうちの家内が見て「私のことを書いてるんだろう」と。女性は、その瞬間は好きでないとだめらしいですね。

——現場主義のお話をうかがいましたが、藤原書店でこだわって出している後藤新平（一八五七—一九二九）も現場主義で、台湾に行けば台湾を徹底的に調査して、インフラを展開していきました。

はい、すばらしい方ですね。関東大震災後の対応を、後藤新平が提案したようにやっていれば、問題なかったんですよ。それを、お金をケチるから。かけがえのない人の命に対しては、金なんか紙切れで、どうでもいいんですよ。つまらん遊びで借金するのとは違うんだから、そういうのはいくら借金したっていいんですよ。危機はチャンス！　やるのは、今しかできない。

あなたが「いのちの防潮堤」をやるなら、それは生涯残ることだと、私は前の総理大臣の野田さんに言ったんです。しかし、ようやり切らなかったですね。やっぱりトップが本物で、やる気がなきゃ、だめですよ。また部下を使いきらないとだめです。偽物は、トップになるべきではない。かえって惑わしますからね。ところが、瞬間的にはそういう人間の方が格好がよくて、上っ面を見る人たちにはモテるんですよね。だから、みんなが本物志向でなければいけない。

日本文化の原点、「鎮守の森」

——百年前、「鎮守の森」を守るために、南方熊楠が神社合祀令反対運動をしましたね。今は「社叢学会」という学会があるようです。

私もそこで顧問のようなことをしていますが、なぜ「鎮守の森学会」としないかというと、怖がっているんですね。私が最初に、一九七〇年代、新日鐵で森づくりをしたとき、朝日新聞の当時新進気鋭の環境の編集委員が来て、大変感動して取材をしてくれました。「先生、何をモデルにされたんですか」と聞くから、「隣にある宇佐神宮の鎮守の森だ」と答えた途端に顔色を変えまして、「先生、『鎮守の森』は何とか外してください」と言う。「軍部のにおい、戦争のにおいがする」と。何を言うか、鎮守の森に何の罪があるか。それを使った一部の軍部が悪いのであって、鎮守の森は日本文化の原点じゃないかと大げんかをして、結局そのときは記事に出ませんでした。

それから、『鎮守の森』（新潮文庫）を出したときも、編集者は立派な方で、タイトルを『鎮守の森』にどうぞして下さいと。そのあと新潮選書の『木を植えよ！』は、二〇〇六年十一月に出て、二〇〇七年六月には四刷が出るほど評判がよかったのですが、私の尊敬する副編集長が、「宗教的な考え方で鎮守の森を守ると言ってきたわけではありません」と付け足しを書いてきました。そんな釈明を最初に書かなくたっていいと思うんですが、いわゆる進歩的な人ほど怖がっているんですね。今はそんなことはありませんが、私が『鎮守の森』を書いたころには、誰も「鎮守の森」という言葉をよう使わない。日本人は、中身は十分ご理解なくて、形式にこだわるんですね。

相手が本気かどうかを見る

木を植えるときでも何でも、私は必ず相手が本気かどうかを見ます。向こうが本気なら、私も本気でやらしていただく。植樹祭でも、何千回目でも、全て、その瞬間が最高の状態でなければだめです。書かしていただくときも、そのときそのときに全てを注ぎます。引き受けた以上ベストを尽くすか、あるいは断るか、どちらかでしょう。

『日本植生誌』全10巻（1981–89年）完成により朝日賞を受賞

新聞社や通信社から頼まれて、あるいは県議会や社長会、いろんなところで話をする機会がありますが、あるとき、最初に私が話をして、後からテレビの論説委員かだれかが話すことになっていました。そしたらその論説委員が、「先生みたいに全部話したら、あとで話すことがなくなるんじゃないですか。私はいかに、一つのテーマを長く、時間かけてやるかというのでやっているのに」と。とんでもないです。私はその時その時に全力を尽くす、そのときに全てをかける。そうすると後から出てくるんですよ。私はそういう主義なんです。「何をおっしゃいますか。引き受けたら、そのときの人生の全てをかけてやるべきだ。そうしたら、あとからまた新しく出てくるんだから」と言っても、彼は理解できなかったですね。

その論説委員が帰ったあと、県会議長が「東京から高い金で呼んだのに、あの先生は、私たちは田舎者だと、手抜きしてるんです。私はわかるんです」と言う。

一般市民は、本物と偽物を見分ける、動物的な勘を持っていますよ。だから、絶えずおもねって一時的な甘い蜜を吸わせるような、格好よくするのでなしに、あくまでも筋を通していければ、必ずついてきます。話をするときも、本の場合も、新聞でも、私は素人ですけれど、駆け出しであっても現場で書いたものは、やっぱり響くんですね。これは不思議ですね。生物的な本能でしょう。だから、読者をばかにしたらだめです。とにかく「人、人、人」ですね。

少なくとも三回は行く、現場主義

——先生が世界中に木を植えてこられたときのご経験を、おうかがいしたいと思います。

おかしな男だと思われているかもしれませんが、三十年、四十年の間に千七百カ所、四千万の木を植えています。昨日も一昨日も、毎日植えています。日本中、世界中、アメリカでもデトロイト、レキシントンなんかで植えました。十一月の現地植生調査は寒かったですね。

私は現場主義ですから、少なくとも三回行きます。最初に現地を見て、どこに植えるか、舞台装置を考えます。できるだけ広く周りを調査して、何を植えるか、その土地本来の森の主木を、現地の残存林や残存木などを調べて決めます。他の方のことは批判しませんが、私は偽物を植えさせない。どのようにして苗をつくるか、植物は根が勝負です。根群の充満した「ポット苗」で私はやっていますが、そのつくり方も考えます。日本列島、東南アジア、南北アメリカ、各地を調べています。それぞれの場所の土地本来の本物の樹種を判定する。九千年もたせるいのちの森をつくるためには、一つ違っても、生命はだめですからね。

根は生きていますから、固い土ではだめなんですよ、酸欠になります。酸素が足らないのは倒れてしまいます。我々の実測結果では、酸素さえあれば、根群は五メートルも六メートルも入っていくんですよ。ですから、土の問題です。酸素だけではない、窒素、リン、カリウムなどの養分、すなわち有機物も必要です。落ち葉も下草も枯草も、毒以外は全部土とまぜながら通気性のよいマウンドをつくります。コンクリだって、人の頭より小さく砕いて土とまぜます。すきまが空きますから、うまく使えばいい。

二回目に行って、苗づくり、土づくりがどの程度進んでいるかを見ます。そして、リーダーを初め、皆さんがどれだけ本気になっているか。今まで世界各地で講演会も開いてやってきたけれども、リーダー研修では実際に植樹する、初めての市民の皆さんをリードする植樹ボランティアなど、二十人に一人か二人のリーダーをつけて一緒にやって、リーダーに永久責任を持たせます。

三回目がいよいよ本番です。一晩かけて直させることもあります。「先生、もう夜になった」と言われても「明日の朝まで、まだ十二時間あるじゃないか」と。クアラルンプールなんかでも「もうできません」と言うのを、やらせれば、やるんですね。

人間は「森の寄生虫」

日本人にはせっかく植樹会や講演会などに出席しても、むこうの方でぼうっと立っている者もいて、「おまえ、帰って寝ろ」と言うんですけど。それが海外ではないんですね。アメリカ人でも上半身裸になって、一所懸命にやります。トルコでもどこでも、みんな夢中でやってくれます。初めは、ブラジルやアマゾンやケニアや東南アジアでは食べるものも少ないんだから、金を出さないと出てこない、やらないんじゃないかと言われたけれど、喜んでみんな一所懸命に木を植えましたよ。もちろん後で少しサンドイッチ出すとかですね。ブラジルではシュラスコといって、焼き肉を棒に刺したのを切って食べるのがあるんですが、そういうのを日系企業の人に準備させると、山の中でも人がわいて出てくる。二千人ぐらいあっという間に集まります。食べさせると帰ってしまうから、まず植えさせる。

やっぱり人間には、森の民としての生物的な本能があるんですね。我々は森の寄生虫の立場で生きているわけです。食べているものも、着ているものもそうだし、この瞬間吸っている酸素もそうです。それが今セメント砂漠で覆われて都市の中で生活していますが、大地に手を接し、額に汗して五本、十本自分で木を植えることによって、いったん剥がれると、本当に大人も子供も熟年者も、特に女性がめっぽう強いし、結構偉い人だって、木を植えるというのは本能に働きかけるんですね。この間は、市川海老蔵さんとも一緒に木を植えました。海老蔵さんも一所懸命でしたよ。それから女の子がちゃらちゃら騒ぐＡＫＢとかいうのも来て、彼女らもみんな一所懸命植えるんですね。市長、町長、社長や太田国土交通大臣も植えます。それは、生物的な本能なんですね。そこまで持っていけば。「だまされたと思って、いっぺん木を植えろ」と言うんです。

かつての天皇陛下の形式上の植樹祭みたいな、白手袋をはめて、スコップで土を一、二回かけるような所作ではありませんよ。子どもも熟年者も一人ひとりが、移植ごてで穴を掘って、一人二十本、三十本、四十本植えて、稲わらなどでマルチング（植えた幼木の根元などを覆う）すると、くたくたになります。みんな夢中で植えてくれますよ。

私は、まだ八十五歳ですから、ちょうど旬どきですよ。あと三十年はがんばります。生物学でいうと、ヒトは、男性は百二十歳まで、女性は百三十歳まで生きるポテンシャルがございます。

――私は現在六十四歳ですが、あと五十年はがんばれるということですね。今日は本当にありがとうございました。元気になりました。

（二〇一三年十二月五日／於・国際生態学センター）

森づくりの匠

「その人しかできないこと」をやりきるのが「匠」

「匠とは何か」とのことですが、直観的に申し上げれば、私しかできないこと、その人しかできないことを、ちゃんとやり切る、それが「匠」ではないでしょうか。

科学というのは、原則をいえば、誰がやっても同じように反復できなければいけません。ところが、私の後継者も弟子もいっぱい、あちこちで森づくりをやっていますけれども、人によって違うんですね。私がやるのと、私のところで修練したみなさんと、また違う。

六年ほど前、福井県の河川事務所の所長が、川沿いに木を植えて森をつくりたいというのですが、私も時間がなくて、三六〇日しかありませんから、私の研究室の上席研究員が行ったんです。三年くらい経って、所長が「どうしても一度宮脇に現場に来てほしい」というので、行ったんです。植えたのは私の一番の弟子ですし、素人が見ればみな同じなのですが、私が見れば「ここが間違っている、ここが手抜きしているのではないか」ということが見えてきます。そういうのは非科学的だと言われるかもしれませんが、「匠」というのは、その人しかできないこと、それをやりきることです。だんだんそのコピーはできるようになるけれど、本物はその「匠」と言われる人しかできない。そういうもののような気がします。

かんたんに見えるものは、上っつらだけ

時間も空間も、無限なんですよ。しかし人間は限られた測定時間の中ですから、いくら長期的と言っても、五〇年、一〇〇年、いや三年、五年でしょう。また面積的にいくら広く調べても、点ですよ。地球規模につながっていないからです。それで予測をどうこう言ったって、すべてが確実にあたるはずがないんですよね。予測でもなんでも。もちろん、そういう測定の研究や技術も必要なのですが。

ものをつくる場合でも、一見同じものをつくるんですよ。私のやっている森づくりでも、やることはみな同じですよ、このポットに種、いわゆるドングリを入れて苗をつくる、「ああ、それなら私はできます」と、みなさんがおっしゃいます。でも、違う、しっかりした

苗はそうかんたんにはできないんですね。でも、三年、五年、一〇年経つと、だんだん、より健全な苗ができる。

大事なことは、現在は見えるもの——数字やグラフで表現できるものしか相手にしない、あとは非科学的だというけれど、いのちも、心も、わざも、トータルの環境も、本当はまだ見えないんですよ。かんたんに見えるものは、上っつらだけなんですよ。

見えない本質をどう掴みきり、そして理解してやりきるか——匠はそれをやりきる。それを意識しているかしていないかわからないけれども、とにかくやり抜く。長いあいだの苦労や、あるいはひらめきによってかもしれませんけれども、やりきる。その成果が匠の成果であり、それをやりきる人間は、匠と言っていいのではないかと思いますね。

自然は、みんな違う

自然は、みんな違う。人間は、自然の生物的システム——生態系の生産、消費、分解・還元の循環システム——の中で、消費者の立場で生かされているのです。人の顔も、みんな違う。あなたと同じ顔をした人は、この地球に一度も生まれてこなかったんですよ。今も地球上のどこにもいないし、当分出てこない。これは人の顔だけでなくて、いのちを支える環境も、それを研究する科学・技術はすべて、それだけの奥があると思うんですよ。ですから、本質をおさえておれば、どこへ行っても対応できるわけですね。

ところが、コンピュータで計算できるものは、みな同じ答えしか出ませんから、コンピュータだけではまだ匠はできないと思いますね。今の不十分なコンピュータでは。現在はめざましく発達しているように見えて、まだ科学・技術、医学は不十分です。それで表現できないものが匠なんですよ。

人、人、人、です。今、私は、いのちを守る日本各地の本来の森の再生を目指して、常緑照葉樹――シイ、タブノキ、カシ類などを植えていますが、他にも世界中でその土地本来の森をということで木を植えていますが、同じ木を、同じように植えているように見えても、だめなんですね。「宮脇のやり方はよく知っている」「宮脇先生によく習っている」と言っても、厳密にはだめなんですね、不思議に……私にもそのわけはわかりません。同じようにやったつもりで、彼もやっているんですね。本人は完璧のつもりでやっているんですけれど、相手は生きものですから、相手は生命をかけてますから、ちゃんと結果に出るわけですね。私のは本物です、ちゃんと育つように、やっていますから。他のは少しおかしくなるんです。

匠というか、本物というのは、百%成功しなければだめですからね。まぐれで一〇〇のうち一つか二つ成功したってだめです。偶然じゃないんですよ。

見えないものを見る

その理由は、ひとつはポテンシャル、能力です。その能力は、みながもっているはずです。それを本気で顕在化しきるかにかかっています。土地本来の木を植えるのでも、何でも。だれでもがすぐに出来るというわけではなくて、私の恩師のチュクセン教授が言ったように、潜在自然植生を見るには匠の力がいるんですね、見えないものを見きわめるわけですから。

一九五六年に「潜在自然植生」という概念をチュクセン教授が初めて世界に発表して、

その二年後に私がドイツのチュクセン教授のもとに留学しましたから、それを教えこもうとしてくれた。日本各地の雑草群落の研究の、それまでの調査の成果をまとめた、私の雑草生態学の博士論文が一つ終わったときです。教授は現場でいろいろ教えてくれるんですけれども、それがなかなか分からなくて。「潜在自然植生」なんて忍術ではないかと……それは、科学ではなく、忍術ではないかとさえ、思ったくらいです。

それから、ひらめきもあるかもしれませんね。チュクセン教授から、少なくとも三年、ドイツの自分のもとで勉強しなければものにならんと言われていたのですが、教授は言いましたよ。今の若者には二つのタイプがある。一つは「見えるものしか見ようとしない者」。こういう者は計算機、今のコンピュータで遊ばせておけばいい。もう一つは、「見えないものを見ようとする努力をする」。こういう者は、自分の研究所で三年以上、徹底的に現場で、自分のからだで、目で見て、耳できき、手でふれて、なめてさわって修得すれば、なんとか見えるようになる、と。「お前は後者だから」と、おだてられたり、脅迫されて、なんとか学びました。なかなかわからなかったけれど……。

「潜在自然植生」というのを、今でも理解できない植物生態学者がいますよ。「想像じゃないか」と言ってね。だけど、それで植えたものが、すべて見事に育って、今回の東日本大震災の津波に耐えて住民のいのちを救っているわけですよ。けれど計算機で確率的に予測したって、鉄筋の防潮堤、人工のマツ林を破壊して二万人のいのちを失っているわけです。

一人一人が、それぞれの分野の「匠」に

「匠」ということばは、本当にすばらしい言葉だと思いますね。しかし「匠というのは何であるか」と言われると、定義はなかなか難しい。

現代の科学・技術で計測したり、完璧には表現できないものですね。それだけの奥深さ、深みをもっているものです。コンピュータのように画一的ではなく、クリエイティブな、本質的な。よく私は「環境保全林の創造」――creation of the native forestと言うのですが、「createなんてキリストしかできないんだ、人間は創造主ではない」とヨーロッパの学者に言われたことがありますが、ようするに「一般的な人知を超えて」という意味なんですね。

まだ私も本物の「匠」には達していませんが、私がやってきたことは私にしかできないこと、私の創造です。それを普遍化したいというのが私の望みです。

反面、最高の技術で測定したデータをコンピュータにインプットして予測した自然災害の予測など、まだ完璧ではありません。

しかしみんなが、それぞれの分野の「匠」になるよう努力してゆきましょう。

人間、本気になれば、一〇〇％は無理かもしれませんが、九五％は成果がつかめます。

多少、時間の差はあるかもしれませんが。それが、八十六年ひたすら生きてきた私の実感です。

（談）

（二〇一四年四月七日／於・ＩＧＥＳ国際生態学センター）

〈対談〉

いのちの森を未来の子供たちへ

ワンガリ・マータイ
宮脇　昭

――まずお二人に伺いたいのは、なぜ「木を植える」というところから始められたのですか。

マータイ 私が木を植え始めたのは、農村地域の女性のニーズに応えたかったからです。水が欲しい、食べ物が欲しい、薪が欲しい、所得が欲しいと言われたときに、彼女たちに必要なのはヘルシーな環境だと気がついた。私が田舎で育ったからわかるのですが、木を植えることで多くの問題が解決できる。熱帯では木は早く生長するので、短い時間で、しかも安く希望が実現できるのです。木は彼女たちの希望のシンボルになりました。

――木を植えれば、環境が守れる。宮脇先生も同じ想いで植樹を始めたのですか。

宮脇 私は岡山県の農家の四男坊に生まれ、農家の人が草を取るのに苦労しているのを見て育ち、毒をかけずに雑草が抑えられたらもう少し楽になるだろうと思っていましたから、最初の学位論文は雑草生態に関する論文でした。それは日本では相手にされませんでしたが、昭和三十年代にドイツの大学に招かれ、そのときの研究で、雑草はヒゲみたいなもので、草を取るからまた生える。この生える能力が大事だということがわかりました。以来五〇年、植物がどんな性質を持っているか現場で目で見て、手で触れて、嗅いで、なめて、調べ続けてきました。

日本には幸い鎮守の森がありました。それは土地本来の森です。鎮守の森を基本にして、

防災、環境保全のために心のふるさとの森を残そうと訴えてきましたが、なかなか受け入れられなかった。しかし、日本で急速に開発が進み、自然破壊が進んだものですから、だれにも相手にされなかった雑草屋が注目されるようになりました。

私が最初に木を植えたのは新日鐵、東電、関電、三菱商事、三井不動産等々の企業ですが、それは工場や産業立地なので社員や業者が植えました。それが最初に私の念願は、市民自身の手で木を植えること。それが最初に実現したのが万里の長城の植樹でした。日本から大勢の人たちが現地に行き、木を植えたのです。そのとき、現地のレポーターが東京から来た茶髪の女性に、なぜ一生懸命に木を植えるのかと聞くと、彼女が「一生に一度くらい、私もよいことをしてみたかった」とさわやかに答えていたのが印象に残りました。

国境を越えて「いのちの森づくり」を誓い合う

――本物の森づくり、マータイさんはそれをどのように思われますか。

マータイ　宮脇先生と私が心が通い合ったのは、その国に自生する樹木で覆われた森を守ろうということで意見が一致したからです。自生というのは、その土地独特の生態系をつくっているものです。モノカルチャー（単一栽培）で商業的な目的のために一種類の木しか植えないのは、自然の生態系がわかっていない人です。生態系をよく観察すると、たくさんの種類の木が生えています。たくさんの種類の動物や鳥や虫がいます。自然には非常に複雑なシステムがある。そのシステムが重要なのに、モノカルチャーにそれが取って代わられています。これはエコシステムの世界ではありません。

宮脇　マータイさんとは去年（二〇〇五年）の二月に『毎日新聞』の対談で初めてお会いして、何十年来の友人のように話をしました。植樹に関する科学も技術も感性が大事ですが、私たちはその点で共鳴して、これから協力していこうと誓い合いました。

木を植えるということは単なる小手先の技術ではできません。一人ひとりのハートが必要です。三十数億年前に宇宙の奇跡として地球に一つの遺伝子が生まれ、よくも消えずに今日まで続いてきた。我々が未来に遺すのはそのかけがえのない遺伝子です。その遺伝子の緑の揺りかごが、芝生の三〇倍の表面積のある樹木です。マータイさんと、そのふるさとの森をぜひ一緒につくろうと誓い合いました。マータイさんは、あなたが日本でやっているような、たくさんの生物に対応でき、また土地本来の水源涵養林となる森づくりがケニアで実現するまで本気で協力してくれと確認された。私は頑張りますと答えましたが、それは皆さんのご支援がなければ続けられません。

——社会的なムーブメントにするのはなかなか大変だと思います。それを伝えたことで人々はどう変わりましたか。

マータイ 人々が当たり前だと思っていることを一歩超えるところが難しい。それがいったん頭と心にしみ込んで、人間性を変えていくようになれば長続きするのです。

このときに大事なのはシンボルがあることです。例えばフロシキとか、ショッピングセンターの周辺に森があるとか、木を植えるといった物理的なシンボル的な活動は心に触れやすいのです。今日のお話が皆さんの心にインプットされたら、お店の周辺の環境を守る取組みに気づく感性の高い人になっていると思います。あるいはフロシキという言葉を聞いたときにも、これまでとは違うことを感じるでしょう。もし、人々がこれに気づいていたら、環境問題はいまほどひどくならなかったと思います。

――グリーンベルト運動の中で女性たちは変化しましたか。

マータイ　木の素晴らしさは生長するということです。種は非常に小さくても、それを地中に埋めると発芽し、生長して、そこに鳥が飛んでくる。動物たちも寄ってくる。木が大きく育つと人の心に大きな影響を与えるのです。自分は何かいいことに参加したという感じがしてきます。これによって、女性が自信を持つようになった。女性が変わると男性も変わる。それが一番素晴らしいことだと思います。世界全体が変わってくるのです。それが木が持っているマジックです。

――宮脇先生はたくさんの方々に植樹の指導をされ、人の心も育てていらっしゃる。その体験から人々の変化をどのように感じていらっしゃいますか。

宮脇　どんな人でも一時間に一〇～二〇本の木を植えられます。そして帰るときのあの素晴らしい笑顔。私は植樹祭を何百回、何千回やっても、そのたびに新しい感銘、新しい感動、新しい喜びをもらい、そしてまた科学者として新しい問題意識をさらに深めるのです。

木を植えることは魂の喜びです。三〇〇〇名にも及ぶ市民の方々がイオンのショッピングセンターの周りに木を植えられましたが、その皆さんはどんな気持ちでいらっしゃるでしょうか。アンケートにいろんなことが書いてあります。「私は年寄りだけど孫のために植えた」とか、「すぐ転居するのだが、思い出に植えに行って本当によかった」とか。

人間も生物も感性で生きています。どうか皆さん、その感性と人間しか持っていない知性をもっていいのちの森、心の森をつくっていただきたい。その素晴らしさをぜひ共有していただきたいと思います。

皆さんも木を植えたことがあるでしょう。でもそれはスギかヒノキだったんじゃないでしょうか。もちろんスギもヒノキも木材としては大事です。しかし、モノカルチャーのスギやヒノキは土砂と一緒に崩れてしまいます。やはりその土地本来の木でなければダメなのです。

――その点でいま日本の研究や施策はどのようになっているのですか。

宮脇 日本の林野庁の皆さんは懸命にやっておられます。しかし、例えば加賀の海岸は国有林で、初めのうちはクロマツがマックイムシで枯れても、国定公園だから松しか植えないと頑張っていました。だが我々が試験植栽として岡田名誉会長と加賀市と一緒に植えたものは見事に育ちました。森前総理も二回も来て一緒に植えていただいて感動されましたが、いまではそのような方向で植林が進められるようになり、加賀の海岸はよみがえりました。官というのは保守的ですから、いったん決めたことを変えるには大変なエネルギーが必要なんですね。

――森をつくるということでケニアの現状はどの程度まで進んでいるのですか。

マータイ　我々のキャンペーンが生み出した一番大きなことは、バイオマス（生物由来の資源）を民営のファームで増やしたことです。まず自分の土地に木を植えたのです。その結果、例えば薪、飼い葉、生け垣など、土地を守るような材料が与えられ、大きな成果を得ました。もう一つは意識革命につながったこと。草の根レベルでも、政府のレベルでも意識が覚醒されました。いままでは法律が環境を守る方向に変わってきました。森林以外の環境も守ろうという意識が生まれています。この二つが大きく活性化したと思っています。

環境を守るためにはたくさんの側面がありますから、全国民がかかわらなければ無理なのです。ですから、土や木というものを介して次世代の子供たちを教育しなければなりません。グリーンベルト運動に真剣に取り組む学校環境プログラムというのがあります。これは幼いうちから教えることが大事だという観点から行なわれています。

私が少女だったときに、雨が降ると母がいつも、雨が来たら何か植えなければダメよと言いました。いまでもそれが私の記憶に染み付いています。そういうふうに次世代の子供たちを教える必要がある。我々が身をもって示さなければ、子供たちは学べません。彼らは我々を見て覚えるのです。ですから環境教育が大事です。ケニアでは大学で環境教育をやっていますが、小学校、中学校教育ではやっていない。幼い子供から始めなければいけないのです。大人になってからではもう遅い。私はここにチャレンジしているところですが、人々の意識を覚醒させ、草の根レベルでも、意思決定レベルでも、教育の場でも、環境を守ることの価値を認識することが大事です。

——マータイさんはグリーンベルト運動を推進されてノーベル賞を受賞され、そしていま環境省副大臣になられました。ケニア国民の期待は大きいと思いますが。

マータイ　我が国ではかつては環境にやさしくない政権がありました。その政権と我々は政策的に戦いました。現に政府が環境を守らないと訴えたこともありました。そのプロセスの中でいくつもの法律を変えることができました。

我々が政府の外から法律を変えることができた一例を紹介しましょう。あるとき、政府が高層ビルを国立公園に建てようとした。そこで我々は訴えました。すると政府は、法律的なローカルスタンダードがないから反対する理由がない、それに公園には個人的な利害関係がないじゃないかとも言いました。これに対して我々は、週末にはみんな公園で散歩を楽しみ、木陰で休み、すがすがしい空気を胸にいっぱい吸い込んで自然を味わっている。だから公園には個人的な利害関係があるんだと主張したのですが、裁判所はそれは証明できないと言い、その裁判は負けました。しかしその間に、市民の中に都市の中にオープンスペースが必要だという認識が高まったのです。

裁判には負けましたが、その建設を止めることはできました。このプロジェクトはケニアの国民のクリーンなオープンスペースに対する権利を侵害し、国民は歓迎していないということで、政府に資金提供していた援助国が手を引いたので、結局ビルは建たなかったのです。

こういった事例が人々の意識覚醒に大きな影響をもたらしました。私が国会議員になったとき、政府の中に入って環境政策をプッシュしてほしいと言われました。しかし「言うは易く行なうは難し」を痛感しました。政府内にはいろいろな利害関係があって、例えばある政治家が短期的な企画を考えたために長期的な大切な計画が犠牲になってしまうことがある。ケニアの政治家は次の選挙のことしか考えていないので、長期的な計画、例えば一〇〇年といった発想は全然ない。私は、この国は一〇〇年後にどうなっているのか、次世代の人たちは幸せだろうか、もしこの土地が砂漠化したら……と考えるのです。

宮脇　市民の皆さんの理解のもとに、未来のために、いま我々は何をやるかということこそが大事だと思います。それはいま我々が持っている価値以上のものを残すことです。だれでもやる気さえあればできることは、土地本来のふるさとの森をつくる木を植えることです。

と同時にもう一つは教育の問題でしょう。なぜいまの子供がキレルのか。それは幼いときから、生物社会の掟、人間社会の掟を体を通して習い性となるまで教え込まれておらず、バーチャルの世界のみで生きているからです。

それにつけても思い出すのは、マータイさんのグリーンベルト運動です。その三カ所を見せていただきましたが、決して豊かな国とは言えないのに、農村の皆さんが嬉々として木を植え、苗を育てています。あの底抜けに明るい未来志向、これは無意識の本能的なものなのかもしれませんが、我々日本人もそれを共有して、もう少しハダカの生物として、そして人間として、発展していくことが大切ではないでしょうか。

いのちの森を未来のために

――本日のテーマ「いのちの森を未来の子供たちへ」ということで、メッセージを一言ずつお願いいたします。

マータイ　技術の発展に伴い世界は日進月歩で変わり、何ごとも早く早くと求める時代です。しかし環境を破壊するのはスローなプロセス、そして環境を復元するのもスローなプロセスです。その中で三つの言葉、それを子供たちと共有したいと思っています。

一つ目は、強い決意を持つこと。どんな邪魔が入ろうとも、決意を持って揺るがないということです。

二つ目は、忍耐強く事に当たること。一夜にしてものごとは変わりません。しかも我々の意志をくじかせようとする人が必ずいます。また高いハードルとなる問題も出てきます。でも我慢強くやり通さなければいけません。

三つ目は、粘り強くやること。とにかく頑張ればいずれは必ず成功します。ちょうど木と同じです。根っこはゆっくりと成長し、やがてどんなに風が吹こうともしっかりと立っています。

宮脇　環境問題は幅が広いのですが、根本は命を守ることです。

芝生の三〇倍の表面積を持っているのが、ふるさとの木の育ての森です。実は五年たっても管理費がいるのは偽物の森です。鎮守の森は黙っていても時間とともに育っていきます。

皆さんはそれぞれの立場で素晴らしい力を持っているのですから、そのようないのちの森を子供たちの未来のために、幅一mでもできるイオン環境財団がやっている植樹のノウハウを使って、ぜひ日本の各地に植樹活動を広めていただきたい。木を植えることによって、命の素晴らしさを本能的あるいは生物的に発展させることができます。そのような前向きの姿勢が大切です。

私は七八年間、真っすぐに歩いてきました。そして何とか今日まで生き延びてきて、皆さんのお力で三〇〇〇万本以上の木を一五〇〇カ所で植えさせていただきました。いま、市民を中心に活動してくださっているのがイオングループです。まず足下から幅一mでも木を植えながら、それをさらにアジアに、アフリカに、世界に発信していこうではありませんか。我々が子供たちの未来に遺すのは、命を守る、魂の宿る、感謝の宿る、環境整備に資するふるさとの木の育ての森づくりです。それをぜひ皆さんとともに続けていきたいと思います。

——皆さんも今日から活動の第一歩を踏み出していただきたいと思います。

〈対談〉

「ふじのくに」から発信する、ふるさとの森づくり

川勝平太
宮脇　昭

川勝平太（かわかつ・へいた）

一九四八年京都生。静岡県知事。専攻・比較経済史。早稲田大学大学院で日本経済史、オックスフォード大学大学院で英国経済史を修学。D.Phil.（オックスフォード大学）。早稲田大学教授、国際日本文化研究センター教授、静岡文化芸術大学学長などを歴任し、二〇〇九年七月より現職。

主著に『日本文明と近代西洋――「鎖国」再考』（NHKブックス）『富国有徳論』（中公文庫）『文明の海洋史観』（中央公論新社）『近代文明の誕生』『資本主義は海洋アジアから』（日経ビジネス人文庫）『海から見た歴史』『アジア太平洋経済圏史 1500-2000』（編著）『「東北」共同体からの再生』（共著）『「鎖国」と資本主義』（藤原書店）など多数。

一　鎮守の森

人、人、人のおかげで

川勝　先生は、このたび第五回（二〇一四年）の「KYOTO地球環境の殿堂」入りを果たされましたね。おめでとうございます。

宮脇　どうもありがとうございます。例年は二人か三人での受賞らしいのですが、今年は私一人だけでした。

川勝　第一回の受賞者には、ノーベル平和賞のワンガリ・マータイさんが入られています。この賞は「京都議定書」すなわち一九九七年のCOP3（第三回気候変動枠組条約締約国会議）の趣旨を継承して「京都」の名を冠し、地球環境の保全に努めた方を顕彰する国際賞です。今日までに内外で千七百カ所以上で四千万本の植樹という、驚異的な森づくりのエキスパートである先生の受賞はシンボリックです。「宮脇方式」の森づくりは「鎮守の森」の知恵に学ばれたものですね。「鎮守の森」は日本の資産ですから、先生の殿堂入りは「鎮守の森」が地球環境保全のモデルになるということの証しです。先生のドイツの恩師で「潜在自然植生」理論の提唱者であった故チュクセン教授は、先生がその理論を必ず実証し、かつ実践できる人物であることを、見抜いておられたのではないですか。

宮脇 それはどうか知りませんけれど、運がよかったんだと思います。私は結局、人、人、人。人のおかげでここまできています。偽物は相手にしないんです。本物を相手にします。

「鎮守の森」での出会い

川勝 じつは、昨日、一昨日（二〇一四年十一月二十八〜二十九日）と、「森づくりを未来につなぐ」という全国サミットが静岡県の掛川市で行われ、「宮脇方式」で森づくりを実践している方や、その方法を学ぼうという方が集まり、北は北海道上ノ国町の町長さんから、本県の関係市町、愛知、和歌山、四国、九州の自治体の首長が集まり、私も参加しました。九州は鹿児島県霧島市の前田終止市長さんがお見えになっていました。元気のいい方で、「宮脇方式」で森づくりをしていると誇らしげでした。

宮脇　そうです。お目にかかったのは、五年ぶりです。

川勝　静岡県では一九七六年に「東海地震説」が発表され、「東海地震」が天下公認の学説になったことを受けて、一九七九年以来、防災力を高めてきました。そのため自他ともに許す防災先進県なのですが、ただ、二〇一一年の東日本大震災の教訓から、東海地震をはるかに上回る南海トラフの巨大地震が想定されるようになり、静岡県下でも「宮脇方式」による「緑の防潮堤」づくりが始まりました。静岡県の掛川市長が「宮脇方式」に共感され、それで掛川市で全国サミットを開くことになったわけです。先生にはすばらしいご講演を賜りました。講演の翌日は、掛川市の沿岸で、「宮脇方式」による植樹を御指導いただきました。心から御礼を申し上げます。本当にありがとうございました。

宮脇　いえ、どうも恐れ入ります。知事のほうこそ、お忙しいのに自らいらっしゃって。

川勝　いや、挨拶だけです。

宮脇　知事のお言葉に私は感動しました。こういう方が日本の総理大臣になるべきです。そしてさまざまな問題に対応されるべきと思いました。

川勝　実は私は県知事になってから先生に出会ったのではありません。それ以前に神宮の森でお目にかかっています。明治神宮が一九二〇年に竣成し、二〇〇〇年に八十周年記念シンポジウムが開かれ、その最後を飾るシンポジウムでご一緒し、意見を交わしています（『森』『水』そして『海』二〇〇二年十一月二十四日、『神々と森と人のいとなみを考えるⅢ　海の巻』明治神宮社務所、二〇〇七年、所収）。最初の出会いは明治神宮の「鎮守の森」でした。

宮脇　「鎮守の森」こそ、日本人の文化であり、心であり、魂であり、哲学であり、伝統であり、そして未来につなぐいのちの森づくりの、一番の基本なんです。「鎮守の森」の木は、二〇一一年の東日本大震災にも、一九九五年の阪神・淡路大震災にも耐え、そして二〇一三年の伊豆大島の土砂災害にも耐えて、みんな残っているんです。

川勝　阪神・淡路大震災と東日本大震災からくみ取るべき教訓の一つは「鎮守の森」を見直し、日本の伝統の知恵に学ぶことですね。先生は「鎮守の森」の重要性にいちはやく気づき、全国に広げる運動をされており、「鎮守の森」の代名詞のような存在です。戦前には、一九〇七年の神社の統合と合祀にともなう神社の破壊活動が起こったとき、紀伊半島田辺にいた南方熊楠が激烈な反対運動をおこしました。その文化的遺伝子が先生の中にも息づいているように思います。

宮脇　静岡県の植生調査については、私が中心になって、一九八五年ごろから現地植生調査を始め、八七年には当時の斉藤滋与史県知事のもとで、『静岡県の潜在自然植生――緑豊

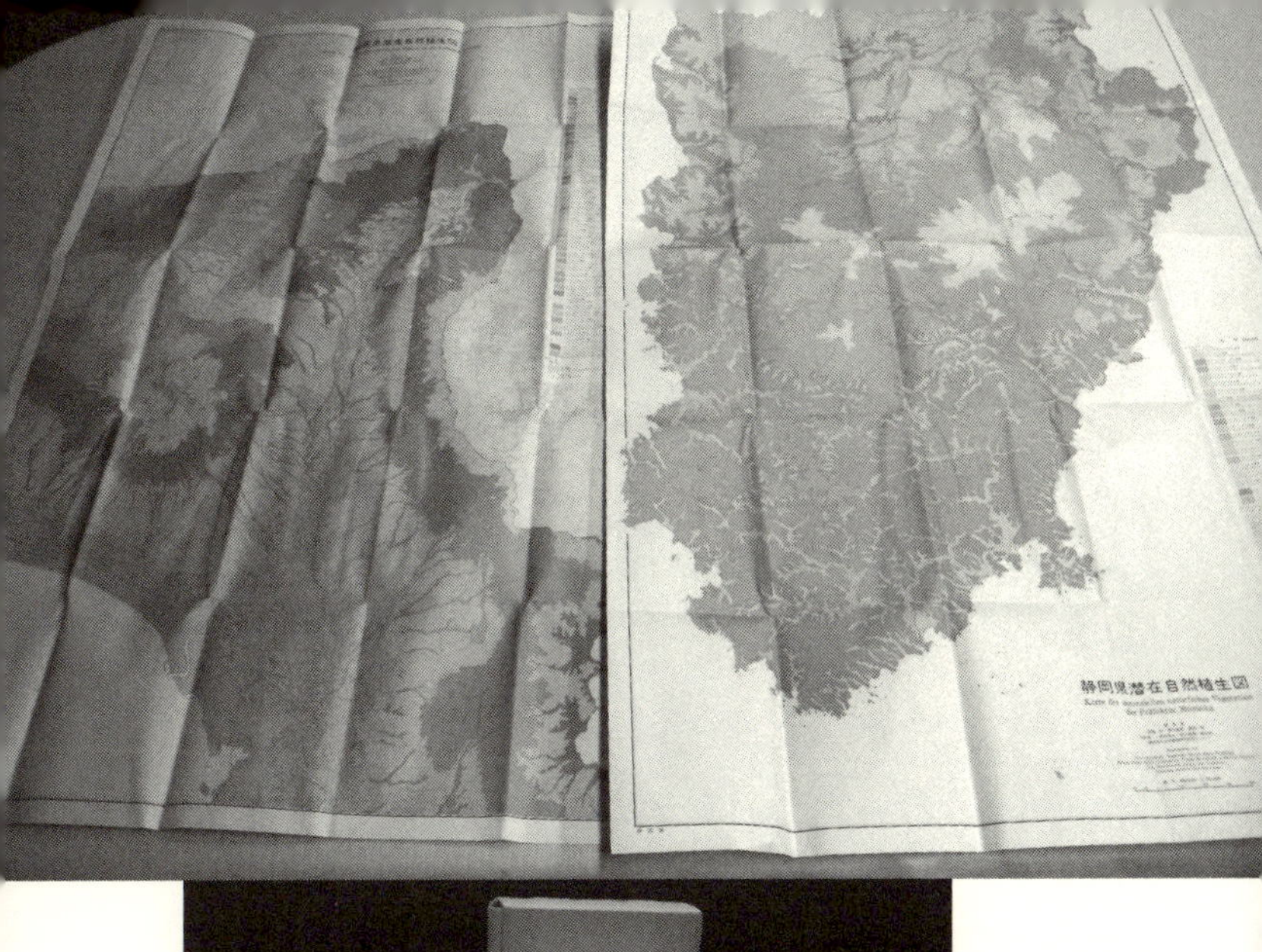

『静岡県の潜在自然植生——緑豊かな環境創造の基礎的研究』
（宮脇昭他、1987、静岡県刊）
別刷＝潜在自然植生図（縮尺 1:5000）、付表

かな環境創造の基礎的研究』をまとめています。ですから、静岡県については既に十分なデータがあって、「緑の戸籍簿」はもうできているんです。このデータをもとに、森づくりをどうやるかが、今後の課題です。

川勝 課題が分かれば、あとは実行あるのみです。四半世紀以上も前に、静岡県の「潜在自然植生」の調査結果が出ていることに、私は最近まで気づきませんでした。データがありながら活用しないで、放ったらかしにして今日まできました。

宮脇 そうなんです。ですから、どこにどういう木を植えたらいいか、主木は何であるか、もう全部おさえてあるんです。私は日本全国の現地植生調査をして『日本植生誌』全十巻（至文堂）をまとめましたが、静岡県については特にそういうご縁があるわけなのです。

川勝 ずいぶん前から大変お世話になっております。長く中断しましたが、復活させます。改めてお礼を申し上げます。

宮脇 私はお会いできなかったのですが、山本敬三郎さんという知事は立派な方だったのですね。この『静岡県の潜在自然植生』は、山本知事の時に依頼されて、現地植生調査を始めたのです。

川勝 私も残念ながら山本敬三郎氏の謦咳に接する機会はなかったのですが、勉強熱心で、県民から「山敬さん」と慕われ、立派な知事であったと語りつがれています。そのような知事なので、先生のお仕事にいちはやく注目されたのでしょう、先生が中心になってまとめられた『静岡県の潜在自然植生』が県の図書室にあることに、私はつい最近になって気付きました。それを見ると、県内の植生を詳しく見ていただいている。その成果が出る前に、山本知事が選挙で敗れ、序文は斉藤滋与史知事が寄せられていますが、斉藤知事も、つづく石川嘉延知事も、その成果を生かされませんでした。四半世紀以上の長い空白があります。それを反省し、ようやく掛川市、富士市、沼津市などで「宮脇方式」の森づくりが始まったのです。

雑草とは何か

川勝 ところで、先生のお生まれは、岡山県の高梁(たかはし)川のあたりでしたか。

宮脇 高梁川の上流の、当時は岡山県川上郡吹屋町大字中野とよばれていたところで、私は農家の四男坊です。

川勝 中野ですか。あそこは山がちですね、標高はどのくらいですか。

宮脇 海抜四百メートルです。吉備高原で一番高い、中国山系の西側の山間の村です。

川勝 きれいなところですね。私の友人がそのあたりの出身で、行ったことがあります。

宮脇 そうなんですか。お若い知事の前で恐縮ですが、私は戦前、戦中、戦後派ですから、そのすべてを知っているわけです。戦前、何も娯楽のない田舎の山あいに生まれたのですが、御前(おんざき)神社という無人の神社で毎年やる「備中神楽」が、大人にも子どもにも、一年に一回の楽しい思い出でした。まわりはほとんどが農家で、腰を曲げて来る日も来る日も草取りで、雑草に苦労しているから、なんとかしたいと、雑草生態学を志しました。雑草は、日本の学者には相手にされていませんでしたが、私の恩師の堀川芳雄先生が、「雑草は、農学と林学の境で、大事な学問だ。けれども、雑草なんかやったら、一生日の目をみないぞ。君が生涯つづけるのならやりたまえ」と言われてやりました。雑草生態学が、私の最初の学位論文です。

雑草というのは、作物よりも後に芽が出て、早く花が咲いて、早く実がなって、作物を収穫する前に種子を実らせて地面に落としますので、作物は毎年植えなければいけないけれど、雑草は耕して、草を取るかぎり、肥やしをやるかぎり、畑の主として生えてきます。日本の畑の雑草は三〇一種類ありますが、ネザサ以外はすべて帰化植物です。水田の雑草は九十一種類ありますが、ウリカワとコナギ以外、すべて帰化植物です。
終戦の年に岡山県立新見農林学校を卒業したのですが、もう少し勉強したいので、今の東京農工大へ行きました。でも終戦直後だったので、東京はお腹がすいて仕方がないから、その後、岡山に一番近い、当時の旧制の広島文理科大学に入りました。

川勝　現在の広島大学ですね。そこで恩師の堀川芳雄先生に出会われた。ただ、ご研究分野は、自分の意思で雑草生態学にお決めになった。

宮脇　そうです。

川勝　日本の農業では雑草取りは不可欠ですが、大変手間のいる作業ですね。先生は子どものころから村の農民の雑草取りの苦労を見て育たれたので、雑草生態学を専門にしようと決められた。生活体験にもとづく研究対象の設定ですし、ふるさとの村人への人道的な気持ちが底にあって、恩師の堀川先生も、その本気度を認められたのでしょうね。堀川先生のアドバイスも的確で、いい先生に出会われましたね。

宮脇　雑草というのは、春夏秋冬、すべての季節にわたって調べなければいけません。水稲栽培の北限の北海道の音威子府（おといねっぷ）から、鹿児島まで百二十か所、春夏秋冬と、夜汽車に乗って調べてまわりました。卒業と同時に、東大出の植物生理学の福田八十楠（やそな）教授に「君はもう少し勉強しなさい」と言われ、東大の当時は旧制の大学院の、植物形態学の小倉謙教授の研究室に入れられました。小倉教授の示唆を受けて、帰化植物のホウキギクが、水辺では枝根、乾いたところでは直根だというところに着目し、細胞の形が違うのではないかという研究をしました。乾いているところでは細胞にしっかり細胞膜があって、水辺の枝根には細胞膜が薄くて破れている。その研究を無理してドイツ語で書いて、当時の日本で唯一の国際植物雑誌『ザ・ボタニカル・マガジン』に投稿したところ、それがたまたま、生涯の恩師となる、ドイツ国立植生図研究所所長のラインホルト・チュクセン教授の目にとまったようなのです。ある日、航空便がきて、「雑草は、草を取るから生えるんだ。雑草は、これからの人間活動と緑の自然とのかかわりについて研究するとき、最前線となるものだ。俺の研究所へ来い」と。

川勝　チュクセン教授は先生と年齢はいくつちがったんですか。

宮脇　教授は五十九か五十八で、私は二十八でした。

川勝　国籍をこえて、長い師弟関係というか、父と子のような関係になられましたね。宮脇青年の書いたドイツ語論文にチュクセン教授が注目され、ぜひ学びに来いという手紙が舞い込んだ。日本人の留学は、研究室の偉い先生に外国の研究者への推薦状を書いてもらうというのがふつうのパターンですが、海外から「来い」とはよほど中身のある論文だったのでしょう。

本物の生命のドラマ

宮脇　紆余曲折ありましたが、戦後ほどない厳しい状況下、なんとかドイツのチュクセン教授のもとに留学することができました。ドイツ国立植生図研究所の教授のもとに到着するやいなや、次の日から現場、現場で、調査に連れ出されました。毎日、もう朝から晩まで。一九〇九年に自然保護地域に指定されたリューネブルガー・ハイデが、ハンブルクとハノーファーの間に、四万ヘクタールあります。そこは、家畜の過放牧によって、ヒース、ハイデになっているところなのです。

川勝　ドイツに到着されたときは、不安と期待で胸がいっぱいだったでしょう。チュクセン教授との出会いの光景が目に浮かびます。ヒースというと、イギリスの有名なエミリー・ブロンテの小説『嵐が丘』に出てきます。ヒースが生えるのはいわゆる荒地ですね。

宮脇　そうです。そこが、化学肥料の影響でだんだん森になりつつある、それを元に戻そうという研究です。また当時イギリスの戦車軍の基地になっていたので、戦車で破壊されるから、それを直そうという調査があって、朝から晩まで土を掘ったりするんです。机の前での勉強はまったくないから、不安になって、「私は、もうちょっと科学的な勉強をしたいと思います」とチュクセン先生に言ったら、ニコニコしていた先生が、ハッと青い目で見て、「何が科学的か」と問われた。「たとえば、ベルリン大学でこの教授の講義も聞きたいし、ボン大学のこの教授の本も読みたい」と言ったら、チュクセン教授はこう言われた。「それはまだ早い。それは誰かのまた写しかもしれない。誰かのしゃべったものを、またしゃべっているだけかもしれない。見ろ、この大地を。四十六億年の地球の歴史、四十億年の生命の歴史、五百万年の人類の歴史、本物の命のドラマを展開しているじゃないか。おまえは自分の身体を〝測る器械〟にして、現場で目で見、手でふれ、においを嗅ぎ、なめて、さわって調べろ」と。

川勝 科学は分野を問わず、現場がテキストです。先生のように植物学ですと、植物自体がテキストですね。植物は土壌を抜きにしてはありえないので、土壌もまたテキストである。

宮脇 そうです。朝から晩まで土掘りをさせられ、土壌断面をつくらされました。

川勝 まるで近代以前の手労働の土木工みたいな作業ですね。学者のイメージとはだいぶんちがいます。

宮脇　はじめはそう思ったのですが、土の断面は自然、植物や人間活動の歴史である、と。

川勝　「土地に刻まれた歴史」ですね。農業史の大家であった故古島敏雄氏にそのタイトルをもった名著がありますが、学者の多くは座学になりがちです。先生は現場の調査をどのぐらい続けられたんですか。

宮脇　ドイツでは、丸二年。朝から晩まで徹底的に。私が持ってきた雑草群落の植生調査資料と、ヨーロッパのポー川の流域など、水田や畑地の雑草群落の論文があるので、それを合わせて、夜と日曜日を使って一年半ぐらいかけて、ドイツ語で六十八ページの論文を書き、『ベゲタチオ』という国際雑誌に出したんです。それが最初の学位論文になりました。

川勝　最近の若い研究者にままみられるコピペとは真逆ですね。ご自身の手足をつかって調べた生のデータの分析なので、おのずから独創的な学位論文になったのでしょうが、それにしても頑張られましたね。

「潜在自然植生」とは何か？

宮脇　さらにチュクセン教授はこう言われた。「雑草も大事だけれど、大事なことは、〝その土地が、どのような生物的な生産能力を持っているか〟である」。これは「潜在自然植生(potential natural vegetation)」という概念です。私は一九五八年にドイツに行きましたが、これはチュクセン教授が一九五六年に発表した考え方です。

それまでは、生物集団を見るとき、人間の影響が加えられる以前のオリジナルな植生、原生林などの「原植生」と、今、目に見えるアクチュアルな現在の「現存植生」(actual vegetation)の二つがありました。

それにたいしてチュクセン教授は、第三の概念を発表したのです。「潜在自然植生」とは、もし人間の影響を今すべてストップしたときに、そこの自然環境の総和がどのような自然の緑――ほとんどがさまざまな森ですが――を支えるポテンシャルな能力があるか。これは、第三の植生概念です。

私が行ったのはその二年後ですから、教授は私にそれを教えたくてしょうがないんです。

徹底的にそれを現場で言うんですけれど、まるで着物の上から中身を見るようなものですからね、簡単に分かるわけがない。私は忍術じゃないかと思ったんです。日本もドイツも、今まさに見ている植生は、ほとんどがみんな偽物、人工の植生になってしまっていますからね。

川勝 目の前にある「現存植生」は人間の手が入っている。人間に改変される前の植生が「原植生」ですね。それはわかりやすい。しかし、チェクセン教授の提唱された「潜在自然植生」は、宮脇先生ですら、最初は雲をつかむようなことと思われたのですから、日本人の間でもなかなか広まらなかった。しかし、お話をよく聞くと、しごくもっともなお考えですね。「原植生 (original vegetation)」は、人類が活動する前の植生で、人類の誕生は五百万年ぐらい前にさかのぼれますが、当初は人口も少なく、アフリカの一角にいた程度で、地球の植生に影響はない。しかし、十万年ほど前、ホモ・サピエンスが登場し、アフリカから世界各地に拡散し、一万年ほど前から農耕社会・牧畜社会が始まり、特に産業革命以後は自然破壊が急速に進んだので、「原植生」は大変容をせまられました。

宮脇 今、すぐに人間の活動をストップしても、もとの原生林に戻るかはわからない、ということです。ですから、「潜在自然植生」を todays potential natural vegetation とも言うのです。現在の自然環境が、どのような……。

川勝　目の前の大地がどのような植生を生む可能性があるか、ということですね。

宮脇　そうです。理論的に考察した、第三の植生概念です。

川勝　現在の地球では、人間の移動と自然破壊で、土壌も植生も改変され、地球上の陸地の大半からオリジナルな原植生は失われています。

宮脇　そう、おっしゃるとおりです。

川勝　人間の活動の結果、土地本来のポテンシャルが損なわれ、隠れている。実際に目にしている「現存植生」と「原植生」の二つの区別はわかりやすい。そこに、両者と異なる第三の植生をチュクセン教授が考えついて理論化された。チュクセン教授の理論がユニークなのは、原植生に匹敵する土地の地力を生かした植生を人間が手を貸して作れるとしたところにあります。この理論の課題は、それをどう実証するかです。どのようにして「潜在自然植生」を顕在化させるのか。

宮脇　ここにもう一つ、時間のファクターが入るわけです。

川勝　時間のファクターとは、本来、土地がもっている可能性を、声なき土に耳をすまして聞く、気候を調べ、理想の植生を丹念に探る。現在の目の前にある植生からだけでなく、そこに、どういう植物が生えていたのかのみならず、生えうるのかを探る。それには時間がいる。それが時間のファクターですね。現存植生は目に見えているけれども、原植生は失われているので、目に見えない。もう一つの潜在自然植生も、顕在化はしていないので、これも目には見えない。

宮脇 まさにおっしゃるとおりです。「目に見えないものを見ろ」というわけです。

川勝 目に見えない植生の可能性を、目の前の土地にさぐる。その手がかりをどのようにしてつかむのかが大問題ですね。

宮脇 そのとおりです。ドイツでは、たとえばシラカンバが一本あって、土壌断面はごま塩みたいに黒土の中に石英がちょっとあったら、その潜在自然植生はシラカンバ－ヨーロッパミズナラ林だ、とチュクセン教授に言われても、それは経験をつまないと、なぜそう言えるのか、まったくわからないわけです。でもともかく一生懸命、チュクセン教授について現場での調査を重ねていきました。

日本の潜在自然植生は、「鎮守の森」にある

宮脇 ドイツに留学して二年たったころ、大学の方から「帰ってくるように」と国際電報

が来ました。チュクセン教授からは「私のところで三年以上は修業しなければいけない」といわれていたんですが、帰りたくて仕方がなくなってしまったんです。でもチュクセン教授は、「今帰っても、すぐに壁につきあたるだろう。それで『チュクセンに学んだ』といわれても、俺の顔がすたる。あと最低一年いろ」というのです。

川勝 むずかしい決断を迫られましたね。その時、先生はおいくつですか。

宮脇 三十ぐらいでした。どうしようかと思っている時に、故郷のことを思い出したのです。御前神社という無人の社殿の、十一月末の、一年に一回の神楽の日が、小学校のころの、唯一の楽しい時です。ふだんは食べられない〝無塩(ぶえん)の魚〟(保存のために塩を使わない、新鮮な魚)をその時は食べられるし、夜中十二時ごろまで大人は酒を飲んだり、子どもも集まって、一時ごろから紅白の弾幕を張って神楽をやります。最後はヤマタノオロチで終わる。それが朝の五時半ごろです。小さな境内に出ると、黒々とした大木から、大きな枝が出ている……身震いするような気持ちで仰ぎ見た、その光景を思い出しました。ひょっとして、無人の「御前神社」のあの大きな木が、私のふるさとの土地本来の、チュクセンのいう潜在自然植生ではないかと思ったんです。

川勝 ドラマチックな話ですね。先生は、帰りたい、でも帰るなと指導教授からいわれる、二つに一つで、どうするかというところに追いつめられている。その時、先生の脳裏に浮かび上がったのが、子どもの時からずっと見ていた鎮守の森の古木だったわけですね。「潜在自然植生」とは一体何か、わからないままの先生を、チュクセン教授としても放りだすこともできない。先生ご自身は帰国しないと職を失うかもしれないし、三年いても、帰ったあとどうなるのか……非常に心細い。そこに故郷の原風景が脳裏にパッと浮かんだ。「鎮守の森」の境内を覆っていた、森の景色、木が見えた。身震いされた。まさにインスピレーションですね。いいお話です。

宮脇 神楽の日は十一月末で、寒くて、木の枝が黒々と……。それで、大学に連絡して、「三年以内にもう一度必ず来させる」という証書をチュクセンに入れてもらって、それで日本に帰してもらったんです。

帰国して、すぐ現地植生調査に行きました。中国地方の、海抜四百メートルぐらいの私のふるさとは、現在はほとんどがスギやヒノキの植林ですけれども、鳥居のそばの大きなウラジロガシ、アカガシは、まさに「潜在自然植生」の主木だったのです。それで私は、「潜在自然植生」とは忍術ではない、本物であると確信しました。それまでは、雑草以外、みんな自然の緑だと思っていた。ところが、なんとほとんどがそうではないんです。昭和六十年代です。

しかし、日本では誰にも相手にされなかった。「ドイツかぶれもいい加減にしろ」と言われて。しかし、危機はチャンスです。私のいる横浜国立大学は教育学部しかなかったですが、東北大や東海大の海洋を出たり、立教大学の物理を出た学生がたくさん来てくれて、日本全国を徹底的に十年間歩いて現地植生調査してまとめたのが、『日本植生誌』全十巻です。

川勝 日本列島の植生調査の金字塔ですね。

宮脇 自分でもそう思っています。英語とドイツ語を入れていますから、世界的にも意味のある仕事で、スミソニアンの研究所などにも入っています。

見えないものを、どう見きわめるか

川勝 北は北海道から南は沖縄に至るまで、全十巻、地域ごとに、徹底的に調査して、潜在自然植生を見きわめられた。

宮脇 まず現存植生を見るのですが、私自身がそうだったように、学生に言っても、潜在自然植生というものがなかなかわからなくて。さわらずに、着物の上から中身を見るようなものですからね。ただ中身を知っていれば、わかる。何回も酒場に通っていれば、さわらなくてもわかるようなものです。

川勝 ああ、男女の機微のことですね（笑）。アダムとイヴのように、互いに隠しようのない関係になればしめたものです。

宮脇 千年前の『源氏物語』の源氏みたいに、何度も何度も現場に通えばいいんだと。

川勝 光源氏はいろんな女性に恋しました。いってみれば、先生にとっては、現場の大地は「母なる大地」というより、恋する乙女であった（笑）。彼女に立派な子をはらませるために通いつづけるわけだ。

宮脇 そうです。「鎮守の森」こそまさに畏れ多い恋人です。大きなスギノキ、マツを植えているところもありますが、四千年来の「鎮守の森」には、「罰が当たる」というので人間が手を入れなかったから、限りなく自然に近い森がある。人工の、偽物の緑は、必ず台風、地震、火事や津波でやられています。しかし本物は、あらゆる災害に耐えて生き残っているんです。

その本物を、どう見きわめるか。たとえば、上のスギ、マツなどの高木が枯れても、その下に土地本来の森の子分の亜高木層のヤブツバキやモチノキやシロダモが残っています。それらから、本来の森のすがたを透視するんです。現場に行って、自然が発しているかすかな情報から、見えない全体をどう読み取って、問題に対応するか。大事なことは、本物か偽物かを見分ける動物的な勘を甦らせること。そして人間の、生物学的には異常に発達した大脳皮質でもって見れば、見えないものが見えるようになるのです。

川勝 お話しを聞きながら思うのですが、チュクセン教授は幸運だったと思います。というのも、日本人が愛弟子になったからです。いや、正確には、チュクセン教授は、日本人を愛弟子に選んだことで、幸運をつかんだ。日本には「鎮守の森」という潜在自然植生のモデルがあるからです。教授の現場のドイツ、いや、ほぼヨーロッパ全域、さらにヨーロッパ人の移民先のアメリカでも、ほとんどが原植生、オリジナルな植生をつぶしてしまったでしょう。

宮脇 そうです。まったくといっていいほど残ってないんです。ほとんどが家畜の過放牧によるものです。

川勝 家畜の放牧でつぎつぎと森を壊していった。ドイツのシュヴァルツバルト（黒い森）も人工林ですか。

宮脇 シュヴァルツバルトは古い人工林です。本当はブナ林で、冬は落葉して明るかったんです。それを六、七世紀ころから、針葉樹を植えたんです。それで黒いんです。

川勝 ウィーンの森も人工林だと聞いています。

宮脇 ほとんどが人工林です。

川勝 ところが、日本には「鎮守の森」が残っている。その日本の留学生がチュクセン教授の「潜在自然植生」理論を身につけた。学問水準の高い人間がおり、自然が残っている日本こそ、チュクセン理論を証明できる最適の場であった。「鎮守の森」にはお社があり、背後はたいてい山です。山は水源になる緑の森です。水は水田に必要なので、大事な水源の森の前には、森を荒らせば罰があたるとして、鳥居を立て、社殿を建てて、神聖な森として残した。それが鎮守の森ですね。

宮脇 鳥居や建物は、後からできたといわれていますね。

川勝 おっしゃるとおりです。たとえば富士山信仰の原型は山宮（富士宮市、世界文化遺産富士山の構成資産の一つ）です。山宮に社殿はありません。拝殿場所は石で囲まれているだけの素朴なものです。真正面には霊峰が聳えており、その姿に感動し、おもわず富士山を畏仰します。熊野の那智の滝には立派な大社がありますが、ご神体は滝そのものです。社殿は立派ですが、その背後にある神を示す標識でしかない。ご神体は自然そのものなのですね。

神社の背後の緑の自然が一番大切で、そのために、いつとはしれず、だれも侵してはならない「鎮守の森」という概念になって、日本人の生活に根付きました。神社を新しく建てる場合も、日本人は、だれにいわれるのでもなく、背後に必ず緑の森を造成します。神社に森が付きものなのは「鎮守の森」の思想が生きているからでしょう。鎮守の森を大事に継承してきたのは日本の誇るべき文化であり伝統です。「潜在自然植生のモデルは鎮守の森だ」と、先生は気付かれた。そうひらめかれたのは本当に良かった。

宮脇 おっしゃるとおりです。「潜在自然植生」という言葉を、一昨日の掛川での、全国の首長が集まった催しで、川勝知事のお話しの中でちゃんと使っておられたので、私は感動しました。

川勝 いや、恐縮です。上手におだてくださいますが、日本の為政者はおだてないと動かないのかもしれませんね。日本列島のそれぞれの土地に潜在力があり、それを甦らせるのが先生の森づくりです。先ほどスギやヒノキとおっしゃいましたが、これらは用材にするために人工的に植えたものですね。本来の植生ではないでしょう。

宮脇 代償植生(substitutional vegetation)といいます。置き換えられた植生です。

川勝 置き換えられたものは本物ではないので、偽物である。日本では、京都の北山スギ、奈良の吉野スギ、遠州の天竜ヒノキ、秋田スギ等々、建築用に使うので大事にしていますが、それは本物の森ではない。そうした人工林を自然学者の今西錦司さんはかつて「緑の砂漠だ」とおっしゃっていました。

マツ、ヒノキ、スギの植林が増えすぎた

宮脇　植物の進化からお話ししましょう。四十億年前、まさに科学的な偶然、あるいは必然によって、たった一つの地球に、小さな原始のいのちが生まれました。それが何千回も何万回もあった自然災害に耐えて生きのびてきたのです。ダーウィンの進化論といわれますが、最近の学説では、進化というよりむしろ滅亡の歴史であったと。誕生した種のうち九十八パーセントは絶滅したといわれるぐらいです。

もともと陸には生物は棲めなかったのですが、四億年ぐらい前の海退期、危機をチャンスに陸に這いあがったのが四億年前。植物と動物とが、生き物の太い幹になりました。植物は藻類、コケ類などがありますが、現在エネルギーとして用いられている石炭、石油というのは、三億年前には植物だったものの死体です。間氷期で高温、多湿だったから植物は繁茂し、

マンモスも繁栄しました。三億年前は、シダ植物の原生ワラビの原生林ができて、光合成でカーボンが吸収され、次の氷河期に土に埋まって、それが地熱と地圧で石になったのが石炭、水になったのが石油、ガスになったのが天然ガスです。それを人間が引っぱり出して燃やすことを覚えて、今、地球温暖化が問題になっているというわけなのです。

進化をたどると、シダ植物の次は裸子植物です。針葉樹（conifer）やソテツ、イチョウです。そしてさらに進化して被子植物が登場します。被子植物のほうが環境に強いんです。葉の広いシイ、タブノキ、カシ類や、冬の寒いところでは落葉広葉樹のブナ、ミズナラなどです。

私たちの調査では、たとえば私の生まれた岡山県、中国地方の潜在自然植生を調べますと、条件のよいところはほぼ広葉樹に押さえられていて、スギ、ヒノキ、マツなどの針葉樹は尾根すじなどに局地的に自生していたのです。

中国地方では、たたら製鉄がさかんでした。また瀬戸内では海水から塩をとるために燃料としてくり返し伐採して、現在では、マツは二次的に本来の自生地の二百五十倍以上は増えています。二百年、三百年そのままにしておけばもとに戻ります。しかし傷をしてもカサブタをはがせばいつまでも傷が治らないように、さまざまな人間活動によって本来の常緑広葉樹林はほとんど失われ、マツ、スギ、ヒノキなどの針葉樹林は現在の潜在自然植生としての自生域の二百五十倍以上に増えています。人間が増やしているのです。増えすぎることは、生態学的にはもっとも危険なことです。人間も同じですが。このような森は、必ず、いわゆるマツクイムシ、火事や台風、洪水、津波などでだめになります。

川勝 植物の進化で、マツ、スギ、ヒノキは過去に支配的だった植物なのですね。裸子植物の時代から、環境に強い被子植物が支配的な時代に変わった。ところが、スギ、ヒノキ、マツなどは、日本では建材に多用され、マツは白砂青松と言われて、大切にされています。

宮脇 製材が柔らかくてまっすぐだったので、昔の下手なカンナでもよく切れたんですね。建材だけでなく、家具などにも幅広く使われてきました。自生の木で足りなくなると、植林をしました。高野山を調査すると、八百年前にスギを植えたという記録が残っています。そのころから自生木だけでは足りなくなって、植えてきたわけです。そして官行造林ということで明治、大正、昭和とやってきて、第二次大戦後は国家政策として広葉樹退治、針葉樹の拡大造林です。たとえばカラマツは、フォッサマグナ地域の八ヶ岳と富士山の間にしか自生していなかったのですが、北海道まで植えています。

川勝 カラマツ林は軽井沢でも北原白秋の詩で有名ですが、浅間山の麓の火山大地に、近代の人々が植林したものです。マツ、スギ、ヒノキは製材用ですが、本物の自然植生となる

「潜在自然植生」からすると、自然淘汰では主役になれない樹木だということは知っておくべき知識ですね。

宮脇 はい。自然災害の少ない立地で、十分管理できて、経済的にも有用な木材生産のために使うところは、今後も針葉樹の植林は可能です。しかし潜在自然植生の広葉樹林域に外来種や客員樹を植えたら、しょっちゅう管理しなければならないです。すぐにヤブになってしまいます。

川勝 たしかにスギ、ヒノキ、マツの植林は、下草刈り、間伐や枝打ちなど、つねに管理をしていないと持ちませんね。お金をかけ、手を入れつづけないと、持たないことは間違いありません。

主木となる木を選ぶ

川勝 東日本大震災で、陸前高田の「奇跡の一本松」が話題になりましたね。しかし、その最後の一本も枯れました。一本だけ残ったというので感動を誘いましたが、見方を変えれば、マツ林は、防砂・防風には有効かもしれませんが、津波にはまったく用をなさないことが明らかになったということです。

宮脇 陸前高田では、津波で七万本が全部だめになったんですよ。そして、用をなさないどころか、逆に仙台平野などでは、津波で倒れたマツが、残っていた建物も壊しているんです。

川勝 時速数十キロの津波が、根こそぎにされた数万本のマツといっしょに押し寄せてくれば、人も家もひとたまりもありません。マツ林は、津波の際には、むしろ害をなす。私はそのことに強い衝撃を受けました。そこで改めて日本における潜在自然植生とは何かに思いをいたし、「鎮守の森」をモデルにした「宮脇方式」を再認識したのです。

宮脇 ぜひ、それをトップダウンでやっていただかなくては。下からではなかなか上がらないんです。

川勝 残念ながら、人材がいても、トップが不勉強だと、市民の力を活かしきれないのですね。先生にお越しいただいた掛川には、十キロほどの海岸線がありますが、中心街は内陸なので、津波対策はそこそこでしかなかった。三・一一を踏まえて津波に備えることにし、しっかりとした防潮林をつくることになり、「宮脇方式」の混植、密植の森づくりをする。

宮脇 土地本来の潜在自然植生の主木を選んで、それを中心に森づくりをやりましょう。

沼津市でも、トップダウンで四年前から毎年植えています。

川勝　主木を選ぶことが肝心ですね。主役を選ぶようなものですね。

宮脇　誰が〝知事〟になるか、市長になるかで決まるんです（笑）。

川勝　ところが、主役はマツだという誤解がある。陸前高田の松原や、沼津市の有名な千本松原など、マツでなければダメだという強い通念がある。それらのマツ林も、もともとは防風、防砂、防塩のために植えられたものです。マツが津波には無力なのに、海岸はクロマツでなければならないという固定観念に縛られている人が多い。

宮脇　それに、せっかくお金をかけて白砂青松を整備しても、潜在自然植生の主木がにょきにょき出てくるんです。それをわざわざ税金をかけてまた切り払って、マツばかりの林をつくる。マツは確かに育てやすい。植生学で言うと、マツはパイオニア（先駆植物）で、初めに出てくる植物です（first growing）。陽性で、種はパラシュートで飛んでいきますから、どこでも最初に出てくるんです。植えなくても出てきます。それはそれでいいんです。生えてくるものはいい、切る必要はない。私はあるものは残すべきだと思います。

川勝　生えているマツも、生えてくるマツも、わざわざ伐採する必要はないわけですね。潜在自然植生にとってマツはお化粧のようなもので、化粧ははげおちます。それを本物の主木だと思うのはまちがいである。本物の主木を見きわめ、それを中心に緑の防潮堤をつくる。その中にマツが混じっていても、一緒にしておけばよいというわけですね。

宮脇 まったく知事がおっしゃるとおりです。

川勝 主木を育てる方法が「宮脇方式」で、混植、密植ですね。大地に生えてくる主役と脇役、親分と子分の関係をまちがえてはいけない。親分だけでもいけないけれど、子分だけでもいけない。親分の能力のないものは、親分にしてはいけない、主木の役を演じきれないから。

宮脇 ここまで分かっていただけるとは。だから、何が主木であるかを見きわめることが大事なのです。そして、それを積極的に使いきるのが、知事、市長など首長の責任です。

川勝 この度、先生に掛川に来ていただいたのは大きな意義がありました。津波対策を考えながら、私は人々の愛するマツをどうしようかと悩んでいました。三保の松原にも三万本余りのマツがあります。

宮脇 あるものは殺さない。人事管理でもそうでしょう。知事だって、嫌なやつを全部切らないで、時間をかけてね（笑）。その間に本物を植えて、マツは肥やしになればいいんですから。

川勝　なるほど、あれかこれかで争わず、和をもって貴しとなせ（笑）。

世界で通用する「チンジュノモリ・アフター・ミヤワキ」

川勝　今日の日本社会では、「鎮守の森」という言葉も、肯定的な意味で使われるようになっています。これは先生のお蔭だと思います。

宮脇　七〇年代、大分の新日本製鉄の埋立地で、最初に森づくりをやりました。そのとき、朝日新聞の編集委員が来て、一生懸命に取材していったんです。ですから私も、潜在自然植生の話をして、それぞれの地域で守られてきた「鎮守の森」には、潜在自然植生の主木である大きなタブノキやシイノキの大木が残されている――という話をしたら、『鎮守の森』はまずいから、やめてください」と。「何故か」ときくと、「戦前の、軍国主義のにおいがする」と。私は、「四千年来続いたものを、一部の人間が一時期悪用したからといって、それを全部否定することはないじゃないか」と言ったのですが、原稿はボツにしました。その編集の方とは、今でもつきあっていますけれど。

川勝　ご立派ですね。世論に抗するには勇気がいりますから。「鎮守の森」は、日本人の古くからの自然信仰と深い関わりがあり、その歴史からすれば、戦前・戦中の軍国主義はごく短期です。「鎮守の森」は日本人の知恵の結晶です。それが軍国主義者に悪用されたからといって、軍国主義と同等視するのは誤りです。本来の知恵や伝統を生かさねばなりません。

宮脇　その後、ＮＨＫのラジオ「早起き鳥」で「鎮守の森」について放送したときに、新潮社の部長さんが、徹夜の仕事を終えたあとタクシーで聞いて、感動したといって、そのまま来られました。それで『鎮守の森』という文庫本が新潮文庫でできたんです。当時は、その題だけでも大変な感じだった。たとえば今、「社叢学会」というのをつくっていますが、私も基調講演をやったりしましたけれど、これも「鎮守の森学会」とはしていませんからね。

川勝　今や、「社叢学会」は「鎮守の森学会」に発展的に継承していってはどうですか。

宮脇　まったくです。それから、一九九八年、ハーバード大学で「神道とエコロジー」という国際シンポジウムがありました。こういう学会は日本でやるべきなのですけれどもね。私も招かれて、「鎮守の森を世界の森へ」という特別講演を下手な英語で話しました。神道というのは、聖典もないし、アニミズムであって宗教でない、宗教とは一神教でなければいけないということを言う人がいたので、「キリスト教もイスラム教も、一神教はたった二千年で地球の環境をだめにした。われわれはもう一度、日本の土着の宗教を、仏教が入って千二百年は草木にも魂が宿るということの土着の宗教を見習わなければいけないんじゃないか」という結論で話したんです。

川勝　「鎮守の森」をどう訳されましたか。外国語にするのは難しいのではありませんか。

宮脇　翻訳はやはりできないんです。一九六六年、読売新聞の協力で、日本で初めての国際植生学会を、当時はチュクセン教授が会長でしたが、やったんです。その時、私は基調講演で「鎮守の森と都市づくり」を話しました。「鎮守の森」を「native forest」と言ってもわかりません。すると、戦争中に箱根にいた、ドイツのマックス・プランク研究所所長のドクター・シュワーベという動物生態学者がやおら手をあげて、「宮脇のいう『鎮守の森』は、下手な英語やドイツ語やフランス語に訳せるものではない。四千年の日本の文化、伝統、歴史のなかでの、森との共生の言葉である。だから『チンジュノモリ・アフター・ミヤワキ』でいこうではないか」と発言したんです。「tsunami」と同じように、一九六六年以降、国際植生学会では公用語のようになっています。

川勝　おめでとうございます。すばらしい話です。「チンジュノモリ・アフター・ミヤワキ」とは「宮脇命名の〝鎮守の森〟」ないし「宮脇流〝鎮守の森〟」ということですね。それが公用語になって久しいのに、どうしてまだ「社叢」のままなのですかね。「チンジュノモリ」

静岡市内の神社の「鎮守の森」

が国際的に通用するのなら、それを広める努力をする方が大事ですね。たとえば、かりに、だれかに「"社叢"に案内してください」と言われても、キョトンとするだけですが、「"鎮守の森"に案内してほしい」と言われれば、日本人ならだれでも、近くの神社に連れて行くでしょう。「社叢」が「鎮守の森」を指していることは普通の人には分かりませんね。

宮脇 そのときは、海外での森づくりはまだボルネオやアマゾンでしかやっていなかったのですが、「鎮守の森を世界の森へ」と話したらみんな感動しまして、「修行者は祝詞やお経だけでなしに、社会に出て、現場で、未来に向かってがんばらなくてはいけない」とかなり議論されました。その夜のレセプションで、『ジャパン・アズ・ナンバーワン』を書いたハーバード大学の教授エズラ・ボーゲル氏が私を探してやって来て、こう言うのです。「プロフェッサー・ミヤワキ、アイム・ベリー・ハッピー。私が六九年に『ジャパン・アズ・ナンバーワン』を書いたとき、日本人は『そんなことはあるか』と。アメリカでは、『おまえは、ちょっとおかしいんじゃないか』と言われたものだ。ところが、それから十年たった八〇年から九〇年のはじめまでは、アメリカが妬むほど、経済的にも発展した。ところがまた経済は落ち込んでいる。やはり私の予想はまちがっていたのかと、最近憂鬱であった。ところが、プロフェッサー・ミヤワキの『鎮守の森』を世界に発信するかぎり、再び私の予言どおり、ジャパン・アズ・ナンバーワンになるだろう。大変今日はうれしかった」と、熱い握手をしてくれました。

川勝　さすがエズラ・ボーゲルさん。私は彼とは台湾で開催された「儒教と東アジアの経済発展」の国際シンポで同席したことがあり、それは冊子にもまとめられています。ボーゲルさんは、東アジアの現状分析については、アメリカの学界でもっとも良識があり、大局的に物事を見ることのできる、頭脳明晰な優れた学者です。ですから、ボーゲル教授のコメントは励みです。

二 「ふじのくに」の森づくり

明治神宮百年の森づくり

川勝 今日は、東京の都心で先生と語らっているのですが、かりに「東京の中心はどこか」と問われれば、明治神宮とは答えないでしょう。国会議事堂・霞が関などの政治の中心があげられがちですが、そこに緑の気配がありません。しかし、真ん中の皇居は森です。また、明治神宮も森です。明治天皇が崩御され、昭憲皇太后も後を追われた、その時、両陛下の遺徳を偲ぶ神宮をつくろうという運動が起こった。国民は何をしたのかというと、各地から苗木を送った。

宮脇 そうです。当時の樺太、朝鮮、台湾からも、木が来ているんです。十三万五千本です。

川勝 そして、ドイツで学ばれた本多静六博士が百年後を想定しながら、植栽された。おそらくスギやヒノキ、マツも送られて来たにちがいないのに、神宮の森ではスギ、ヒノキ、マツは目立ちませんね。

宮脇　時の総理大臣の大隈重信がスギを植えろ、日光のスギ並木を見ろと言ったんですが、本多静六博士が「明治神宮の場所にはスギは合いません」と言って、総理大臣に抵抗してつくった森です。そして献木ですから、捨てるわけにはいかなくて、送ってもらった木をすべて植えたんです。大事なところには本命のアラカシなどの照葉樹を植えて、つっかい棒的に植えたのが、マツ、スギ、ヒノキです。

明治神宮創立五十年の時に、私たちは乞われて三年間、植生調査をしました。その時には、すでにマツはほとんどマツクイムシにやられ、スギもほとんど虫にやられています。今の学説では、クスの自生は南から台湾までといわれるけれども、日本でも育ちますし、潜在自然植生でも許容されますけれども、クスの子分がいないんですね。高木の下には亜高木、低木、下草と多層群落になっていなければなりません。亜高木には、同じ常緑のヤブツバキはもちろん、シロダモも出てくるんですが、クスノキの下草にはチガヤ、ススキ、アズマネザサしかでてこないんです。ですから、やはり総合的に考えると、クスノキが主木ではないと考えます。いずれにせよ、さまざまな種類を混ぜてつくられた明治神宮の森は、東京千二百万人の、何か災害が起これば一番に逃げこんでまちがいのないところです。

川勝 明治神宮は一九二〇年に完成しました。空襲で社殿は焼けましたが、森は残りました。神宮の森は昔からあったと錯覚するぐらいです。本多静六博士は、戦前の学者ですから「潜在自然植生」理論を御存じなかったのですが、神宮の森は、内外の献木をすべて植えたので、いわば混植、密植を地で行ったのと同じで、「潜在自然植生」の理論を実証して余りあるものですね。

宮脇 東京に残っている森は、明治神宮だけではありませんよ。海岸沿いの浜離宮、芝離宮には、二百五十年前にタブノキを植えました。それが、百五十回あったという江戸の火事にも耐え、そして焼夷弾の海をくぐって、今でも逃げ場所、逃げ道になっています。

川勝 そうですね。あのあたりは、近年、発展の著しい品川の近くで、浜離宮はモノレールのターミナルの浜松町の海側ですが、その周りはビル群です。ビルディング・フォレストの中のオアシスで、有事のときには避難場所にもなりえますね。

宮脇 それから芝白金の自然教育園も、江戸時代に屋敷をつくるとき、二百五十年ぐらい前に、周りに土塁を築いて、そこにスダジイを植えたのが、同じように江戸の火事、関東大震災、戦災に耐え、今は国の天然記念物になっています。さらに、三鷹八幡大神社には、大きい、立派なスダジイがあります。ですから、江戸の人は、江戸の各所に、いざという時の逃げ場所、逃げ道として、心のよりどころとして、お祭りをしたり、お参りするためにそういう場所をつくっているんですね。スギ、ヒノキ、マツも植えていますが、ちゃんと土地本来の木も植えているんです。

日本と西洋の違い

川勝 奈良・京都の大極殿も、江戸時代のお城も、木を多用しています。今の国会議事堂は石造りです。石造りの原型は、木を伐採して森を破壊しつくした地中海で始まりました。ギリシャの神殿は、柱が木の形を模して石造りにしています。中東ではノアの箱舟で知られる大洪水をもたらしましたが、それは大昔に森林破壊をやったからですね。

宮脇 ヨーロッパでもずっと広葉樹の森だったのが、長い間の家畜の林内放牧ですべて破壊されて、有史以降は、本来の森はほとんど失われて、ヒースの荒野になったわけです。

川勝 哲学の梅原猛氏や環境考古学の安田喜憲氏の著作で広く知られるようになった『ギルガメシュ叙事詩』という古い物語があります。ギルガメシュ大王が森の神フンババを殺します。それは森林破壊の起源を物語っており、レバノンスギなどに覆われていた東地中海が裸になっていった。

『旧約聖書』では、神は六日間で世界をつくるのですが、最後の日に自分の姿に似せて人間アダムをつくった。そしてアダムが眠っているあいだに、さみしかろうと、彼のあばら骨からイヴをつくった。二人はイチジクを食べてエデンの園から追い出され、子どもをもうけます。カインとアベルです。カインは耕作をしますが、アベルは羊飼いで、のんきにしています。兄弟が神に供え物を持っていくと、エホバの神はカインを叱ります。カインは一生懸命に額に汗して作物をつくって献上しているのに、なぜ怒るのかと不満がつのり、弟のアベルを殺し、悪者になる。私は、どうして、エホバの神は、羊を追いかけるだけのアベルに甘く、額に汗して働くカインにきびしいのか、かねてより不思議に思っています。『旧約聖書』の解釈としては邪道なのかも知れませんが、家畜を放牧することを、神は非常にいいと思われているのは明らかです。『旧約聖書』や『ギルガメシュ叙事詩』などからすると、中東、ヨーロッパの人々というのは……。

宮脇 肉食人種だったた。毛皮も必要だったでしょうからね。

川勝 『ギルガメシュ叙事詩』は、アッシリアの時代ですから、そのころから環地中海の森を破壊していき、乾燥地帯にしてしまったということですね。

宮脇　そうです。

川勝　同じころの日本はというと、一万年間も続いた縄文時代です。そこに弥生の人たちが列島にやってきて、水田をつくった。水田には水がいる、水の供給源は森だということで、森を大事にした。森がなくては、水田ができないという実利的な面があって、森を水源として残すことで、水田稲作も栄えた。稲作という、水を必要とする生業を主なものとした結果、森が残りました。弥生時代は三千年前に遡れますが、それ以前の一万年間の縄文時代に、森を大事にし、森への畏敬の念を、数千年間ずっと日本人はもってきた。畏敬の念は立派な宗教心です。

宮脇　それが、土着の神道のもとになったんでしょうね。

川勝　土着の神道があるところに、仏教という新しい文明の学問が入ってきます。仏教は人の生老病死の苦しみを救うものですが、やがて犬畜生を含む動物や植物など生きとし生ける衆生は、果たして救済されるのか、と日本人は仏教をもとにして考え抜き、最終的にことごとく救済されると考えるに至りました。

宮脇　草木にも仏心が宿るという、その言葉ですね。

川勝　そうです。「山川草木悉皆成仏」ないし「草木国土悉皆成仏」に集約されます。これは日本の独創的な仏教学説で、「天台本覚論」といわれますが、これこそ日本発の人類哲学だと梅原氏は述べています。私が強調したいのは、原始の土着神道がもっていた自然的、即自的な自然信仰、それをアニミズムといってもいいのですが、それを世界宗教の一つ、仏教学で見事に理論化したということです。天台本覚論が成立するのは十世紀から十一世紀です。その頃に仏教が日本全体に普及し、神道が仏教理論で根拠づけられたと理解しています。「草木国土悉皆成仏」は「八百万の神」と通底しており、神仏混交です。空海さんの高野山にしても、最澄さんの比叡山にしても、周りは森ですね。これは「鎮守の森」とは言わないかもしれませんが……。

宮脇 いや、すべて「鎮守の森」と言っていいと思いますよ。「アフター・ミヤワキ」ですし、日本人は神道も仏教も、厳密に区別してきたわけではないですから。

川勝 宮脇流〝鎮守の森〟ですね。実際、神を信じる日本人と仏を信じる日本人との合計は二億人ほどになり、日本の総人口をはるかに超えています。それは日本人が神も仏も信じているからです。神社仏閣は、明治政府が無謀にも神仏分離令で廃仏毀釈を強行するまで、同じ場所で共存していました。鎮守の森をもつ社殿にしろ、仏閣にしろ、森を大切にしてきたので、それらをコンクリートに建て替えるのはとんでもない話です。鉄筋コンクリート万能主義からは卒業しなければなりません。

宮脇 そうです。鉄筋は六十年しかもたない、管理しても八十年と、国交省の皆さんが言っています。バブル時代に金が余ったから、東京にいっぱい道路をつくったでしょう。当時はまるで永遠にもつかのように考えていた。それが今、手入れしないと危ないからと、夜中すぎに東京から横浜へ車で帰ると、工事の明かりがピカピカ光って、あちこち修理しています。修理しないともたないそうです。

川勝 実際、阪神淡路大震災の時、立派な高速道路が崩壊したのを、われわれは目の当たりにしています。人間のつくったものは、いかに頑丈でも、必ず崩壊します。形のあるものはすべて滅びる宿命をもっていますが、人工物は、自然のものより、寿命が短い。

「鎮守の森」の都づくり

川勝 「鎮守の森を世界の森に」が二十一世紀の合言葉になるのであれば、私は「鎮守の森の都」をつくるのがよいと考えます。

宮脇 私もそう思います。大賛成です。

川勝　日本の政治のシンボルは国会議事堂でしょうが、それは石造りです。霞が関のビルはみな鉄筋コンクリートです。大極殿は木造、城も木造ですが、現代建築は、森を破壊してきた欧米建築を真似たものです。墓石は石ですが、国会議事堂は大きな墓石のように見えます。

宮脇　なるほど（笑）。まったくそのとおりです。知事がいわれるのは、よくわかります。

川勝　鎮守の森を世界に広げるのならば、そのシンボルがいる。そのシンボルとしての「鎮守の森の都」です。その名称にふさわしい都がいります。それをどこに建設するか。東京から離れたところがいい。どこらあたりが適地か。東北は緑が豊かでしょう。

宮脇　それは静岡ですよ。いや、本当ですよ。東北は、海岸沿いは常緑広葉樹ですけれど、阿武隈山地などは冬が寒いから落葉樹になるんです。日本文化は照葉樹林文化ですから、その枠の中でお願いしたいと思います。

川勝　私は静岡県知事ですが、静岡中心主義者ではありません。日本全体を見渡すと、関東平野の北限の東北地方の南限の接する所、栃木県と福島県の境界あたりはどうかと思います。そこは照葉樹林の北限です。具体的には、那須野が原です。

宮脇　けっこうでしょうね。海抜八百メートルまでは大丈夫です。

川勝　思いつきで申し上げているのではありません。平成二年（一九九〇）から国会等移転審議会が首都の移転先について、足掛け十年もかけて新しい首都移転先として一番適した場所はどこかを検討し、平成十一年（一九九九）に関東平野が東北の森の阿武隈山系に入る那須野が原を筆頭候補に挙げたのです。そこは、もともとは水が伏流水になっており入会地でしたが、明治の元勲が手に入れ、伏流水を上に上げて疎水にし、大農園になっています。九千ヘクタールぐらいあります。そこから東北山系の森に入ります。関東平野と東北の森林との出入り口です。平野と森との境を専門家集団が選んだのです。森から平野に出るところには古来、神社が建てられてきました。

神社は、たくまずして背後に山や森を抱えています。神社の前方には平地があり、集落が開けています。神社は、緑なす森と平地の境につくられてきました。平地に神社をつくる場合も、周囲に「鎮守の森」をつくります。それは、山が水をつくり、水が平野をうるおす姿を模しているのだと思います。

日本で一番大きな平野は、関東平野です。その北側は東北の森です。東北は、東日本大震災で被災しました。励まされるべきです。そのすぐそばに都をつくる。その場所柄からして、まさに「鎮守の森の都」といえるものでしょう。潜在自然植生を活かし、緑の都にする。常緑広葉樹と落葉広葉樹の出会う土地です。落葉広葉樹と常緑広葉樹が出会うところですから、豊かな植生を再現できます。京都を真似て小京都ができ、江戸を真似て小江戸、東京を真似てミニ東京が各地でできたように、「鎮守の森の都」を真似て、各地にミニサイズの「鎮守の森の都群」ができていくのではないか。まあ、夢物語の段階ですが……。

「宮脇方式」とは❶――ポット苗、マウンドづくり

川勝　ところで、先生の編みだされた森づくりの「宮脇方式」は、もっと知られるに値します。というのは、私どもの世代は、学校の教科書で、荒地にまず草が生え、低木が生えて、高木がつづき、二～三百年かけて、やがて極相にいたるという、いわゆる遷移（サクセション）を習いました。

宮脇　はい、クレメンツの遷移説ですね。今でも教科書に出ています。

川勝　これは天下公認の学説になりました。「宮脇方式」の基礎にある遷移論は、クレメンツとは違いますでしょう。

宮脇　「ニュー遷移説（new succesion theory）」と国際会議では発表しているんですけれどね。

自然が三百年間でやることを、十年、二十年でやろうというわけです。そうすると、気候条件はそれほど変わりませんから、土の問題だけです。有機物が分解したら肥やしになります。落ち葉を焼かない、捨てないで、土壌に有機物としてまぜ、そして根は息をしていますから、ガレキは地球資源、ガレキを混ぜてやれば、ほっこらと息のできる、すきまのある土がつくれ、そして十年、二十年で限りなく自然に近い森ができるのが「宮脇方式」の森づくりです。

川勝　それは、人間が自然に対抗するものではなく、自然や森のシステムを無視してやるものではない、ということですね。

宮脇　対抗してはだめです。自然には勝てないんです。ですから自然のシステムの枠内でやるということです。

川勝　自然の声なき声を聞き、目に見えないものを見る、というのはすごい発想ですが、それを見出す方法が「宮脇方式」ですね。まずポットで苗をつくる。これがすばらしい。私は、掛川で見ましたのですが、小さなビニールのポットに、根を充満させた五〇センチほどの苗木をつくり、それを取り出して、ほっこらとしたマウンドに植えていく。ほっこらと盛土にする理由は、根が呼吸しやすく、酸素が入りやすいようにするためで、また雨で根腐れしない工夫ですね。この「ポット」は、今は植木屋さんほか、どこにもありますが、あれは先生の発明ですか？

宮脇 いや、ポットは昔からあったんです。キュウリやナスの苗づくりには使っていたんです。森づくりに使ったのは、私が初めてだと思いますが。

川勝 そうだと思いました。公園などで植栽するときは、プロの植木屋がしっかり土を掘って立派な成木を埋めこんで、支えをして……。

宮脇 そうです。苗からではありません。しかも一年保証ですから、十三か月で枯れたら保証なしです。私が知事や各市町村の首長、企業・各団体のトップ、以下地域の皆さんといっしょに植えさせていただいているのは、次の氷河期が来るまで、個体の交替はあってもいのちの森として続いていく、九千年残るいのちの森ですから、九千年保証ですよ。

川勝 自然の摂理を活用するほうが効率的で、安上がりですね。

宮脇 そうです、金がかかりません。新聞なんかで報道されているように「管理しないから山が、森が破壊された」というのは、半分まちがいで、半分正しい。土地に合わない木を植えたら、管理しなければなりません。土地本来の木には、下手な管理をしないで、自然淘汰、自然そのものの管理にまかすことです。

ハサミを使うのでなしに、引き算でなしに、足し算で幼苗を植えていただきたいんです。

植木屋さんを批判するんでないんですよ。植えるところはいっぱいあるんですから。道路わきに植えてある木やなんかをごらんなさい、一本の木に何千も何万もかけて、マツなんか十万もかけて木の頂部も横枝も切って、光合成する緑の葉がなくなってしまっているじゃないですか。切り方の問題で、絶対切るなというわけではないんです。とくに、頭は切らない、空は無限にあるのですから。これはぜひ条例をつくってください。ところが今は、まず木の頭を切って、横並び、規格品づくりで仕事をするのが、日本では木の手入れとされています。コンクリート、セメントなどの「死んだ材料」は規格品づくりだから規格にあっていなければだめですけれども、自然は人の顔のように、皆ちがうんですから。積極的に土地本来の木を植える方に、植木屋さんのお力を使いきって戴きたい。

「宮脇方式」とは❷——混植・密植と競争・我慢・共生

川勝 まずは、混植、密植をする。

宮脇 そうです。混植、密植すれば、木々は競争し、少しがまんして、共生します。生物社会は「最高条件」と「最適条件」は違うということ、これが大事です。すべての欲望の満足する「最高条件」のあとは、破滅しかありません。そういう状態になったら、まずは警戒していただきたい。「エコロジカルな最適条件」とは、すべての欲望が満足できない、少しきびしい、少しがまんを要求される状態です。一番いい例は、オオバコです。パリのブローニュの森でも道沿いにありますし、ニューヨークのセントラルパークでも、日本の田んぼのあぜでも、人が踏むところにはオオバコが出ています。「踏まれても忍べ道の草」、踏まれて葉もちぎれとんでいる。だけど、踏まれるからこそ、そこで生き延びられるんです。踏まれなくなったとたんに、「最高条件」となりますが、すぐに周りの競争力の強い相手が一気に入ってきて、三年たったらもうオオバコはどこにも見当たらなくなります。ですから、三〇一種類の畑の雑草を絶滅させる唯一の方法は、草取りをやめることなんです。一時的には雑草が多くなるけれど、今度は草を取らない状態で競争力の強い周りの多年生のススキやネザサなどが入ってきて、三年たったら一年生の畑地の雑草は一本もなくなっていますよ。

川勝 最初の三年間ほどは、草取りをして管理する。そのあとは自然淘汰に任せるというのですね。

宮脇 はい、幼木を混植・密植して二〜三年は、早めに草取りです。その後は、自然淘汰、自然の管理に任せます。淘汰といえば、静岡県は人口何人ですか。

川勝　三七〇万です。

宮脇　三七〇万人の中から選ばれた一人が、知事です。しかし失礼ですが、一人だけを育てていたら、その人がだめになったら、知事は誰もいなくなります。知事は一人でいいわけです、社長も一人でいい。だけど、一人だけを育てていては、その一人が育てられない、ということになります。それが、混植、密植の意味です。枯れたのは肥やしになります。地球上ではむだは一つもありません。苗が小さい時は、混植、密植して、密度効果といいますが、競り合って共に早く育ちます。ある程度大きくなったら、木の特性に応じて、高木、亜高木、低木と階層化し、がまんできない木は枯れて肥やしになって、むだは一つもない。はじめからポツンポツンと植えたら、森になりません。競争させて、きびしい条件に取り組ませる。

川勝　「宮脇方式」によれば、クレメンツが二～三百年ほどで極相（クライマックス）に至るとした遷移論に対して、十年、十五年で限りなく多層の群落になる。

宮脇　限りなく自然に近づきます。たとえば静岡の護国神社、あそこには昭和十六年ごろ、まだ知事は生まれる前かもしれませんけれど、県民の皆さんが勤労奉仕でいろんな木の幼木を植えたわけです。がまんできない木は枯死して肥やしになったけれど、今は限りなく自然に近い森になっています。

川勝　文字通り「鎮守の森」になっています。私は年に二回ほど参拝するので、よく知っています。静岡県の護国神社の周囲は人が植樹したものですが、いまでは鬱蒼とした照葉樹林の森です。

宮脇　今や、潜在自然植生が顕在化した状態です。

川勝　確認しておきたいのは、植樹後に世話をするのは最初の三年間だけでよいということ、そして、あとは自然のままに任せておく。そうすると、潜在自然植生が顕在化し、豊かな森になるというわけですね。

宮脇　そういうことです。

トップから、森づくりのモデルをつくる

川勝　護国神社もそうですが、神社の周りには森をつくるんですね。その典型的事例は明治神宮ですね。日本人のもつ森づくりの文化的遺伝子が、東京という欧米を真似ることを目的にした大都会のど真ん中で、明治神宮をつくるときに、見事に顕現したのです。

宮脇　そうなんです。百年前にやったことを、忘れてしまったわけです。

川勝　緑の大切さ、森の重要性を、戦後の日本人は忘れた。それをもう一度、思い出すきっかけが阪神・淡路大震災であり、東日本大震災です。阪神・淡路大震災では樹木の存在が類焼を防ぎました。東日本大震災では、マツはひとたまりもなく津波で流されましたが、シイやタブノキ、カシ類は津波に耐えた。

宮脇　だから続けてやっていただきたいというのが、私たちの願いです。危機はチャンス、不幸は幸福の前提なんです。だから私は八十七年、困ったことはないんです。だって生きているじゃございませんか。生きているほどの幸福はないわけです。しかし、それをそのまま見過ごしてしまって、忘れてまた同じことをくり返すんですね、日本人は。しかし今こそやる、今ならやれるんです。これで安定したら、また忘れてしまいます。

川勝　静岡県の海岸線は五〇五キロあります。まず掛川あたりから、緑の長城、森の防潮堤のモデルをつくっていこうと決意しています。

宮脇　沼津市では、栗原裕康市長の先見性、実行力によって、雑音にめげず、土地本来の潜在自然植生の主木群のシイ、タブノキ、カシ類のポット苗を市民と共に植えています。ぜひ川勝知事のすばらしい先見性、決断力、実行力によって、静岡県から世界に向かって、世界に誇る、県民のいのちと生活を守る本物の森をつくってください。日本一などと言わないで、世界一の、九千年残る、潜在自然植生を顕在化したいのちの森づくりのモデルを、ぜひつくってください。トップが本気ならできるんです。川勝知事が本気で、また市民のみなさんがご自身のため、ご家族、愛する人のために、できるところからすぐ、着手してくださるなら、私も四十余年間、国内外千七百カ所で四千万本以上を、先見性をもった皆さんと植えて成功してきたすべての力を結集して、黒子として手伝います。日本人は、真似はうまいですから、そうすると広がっていきます。

川勝 モデルがうまくいけば、それは真似られます。掛川は先生に上手に励ましていただいて、松井三郎市長はじめ、掛川市民は乗り気になっています。沼津の千本松原についても、沼津の栗原裕康市長とお目にかかっていただきました。市長もモデル的な取り組みを始めたいと言っています。実行が大切です。まず沿岸部を中心に「宮脇方式」でやっていけそうです。

宮脇 現場の首長の中でも、全然わかっていない人はいますが、むしろわからない人にわからせて、明日のために何をやるかというのが、行政の責任だと思うんです。

川勝 そうですね。説明しても物分かりのわるい首長がいますが、彼らにはモデルを見せてあげればいい。

宮脇 おっしゃるとおりです。だから川勝知事のモデルをつくってください。これは永久に残りますから。幅十〜百メートルでもけっこうです、これがモデルであるというのを。

川勝 今こそ「鎮守の森を世界の森に」を国民運動にするために、「宮脇方式」、すなわち自然に逆らうのではなく、ニュー遷移論にのっとって、大地の力をうまく活用し、潜在自然植生を顕在化させる。人間が手を貸して、かぎりなく日本の自然に近い森をつくっていきたいものですね。

宮脇 人間ももともと自然の一員ですから。それをわかっていただける方が、トップに少ないんです。だけど、日本人は真似がうまいですから、静岡方式、川勝方式の生きた実例をつくりましょう。

静岡県の森の防潮堤、緑の長城

川勝 今から思えば残念なのは、浜岡原子力発電所に一・六キロにわたって、高さ二十二メートルものコンクリート壁をつくりあげたことです。海岸のすぐそばで、海は目の前です。五分以内に津波の第一波がくるといわれた中部電力は、福島第一原発を十五メートルの津波が襲ったので、当初は十八メートルの防潮壁をつくっていたのですが、内閣府が最大十九メートルの津波想定値をだしたので、急遽かさ上げして二十二メートルの高さにし、それを一・六キロにわたって防潮壁を建設しました。五十年も持たないでしょうね。

宮脇　持たないです。私はエネルギー庁の環境顧問を二十五年やらせていただきましたが、委員会で皆さんが白い目で見る中で、全部の発電所のまわりの森づくりをやっていただきたいと毎回お願いして、各電力会社でやってくださったのです。ただ、原子力はCO_2を排出しないといって、原発にはやらせなかった。しかし当時、浜岡原発の原子力部長は、ドイツのザールラント大学学長でドイツ生態学会会長も歴任した、動物生態学者のパウル・ミュラー教授（当時）を招いて、名古屋市の今池ガスホールで「環境調和が企業を育てる――ヨーロッパ企業に学ぶ」の講演会（逐次通訳＝宮脇昭）をもよおし、その話を聞いて、われわれも浜岡原発でやりましょうということになった。いろいろ議論して、まず一番前の海岸沿いにやりましょう、と。ところがそこは鉄筋コンクリートの防潮堤でしっかりしているから、発電所の後ろの切土斜面に植えたのです。立派な森になっていますが、後ろではあまり意味がない、いのちを守りきれません。

また東電の、東京湾の人工島、扇島の森づくりでは、同僚の生態学者が三百年かけないと無理だといったのが、十五年で十メートル以上、立派な森になっています。福島原発にも、せめてまわりにこういう森をつくっておけばよかった。原発は、技術的に地震には耐えました。十メートルの台風の高潮にも耐えた。ところが十五メートルの津波がきて、引き波のジェットコースター効果で倍になった津波のエネルギーが発電所の屋根をこわして停電になり、世界も憂う悲劇をもたらしています。発電所の前面に緑のフィルターをつくっておけば、樹林は隙間があるから、波砕効果で津波のエネルギーが半分に減るんです。鉄筋にはすきまがありませんから、やられたわけです。森の緑の壁を通して、潮水がちょろちょろと少々入るぐらいなら、それほど被害はなかったはずです。

私は鉄筋を否定しないけれども、それだけではだめである。今、やっと「海岸法」が改正され、国交省も防潮堤として〝生きた緑の構築材料〟、樹木を植える予算をつけるということになっています。私たちははじめ、本社が無理だというのを押し通して関西電力の御坊火力発電所の海中人工島での森づくりに成功した、和歌山県出身の二階俊博さん（国土強靭化総合調査会会長）に招かれて、八十数名の国会議員の皆様に話をさせて戴いた際にも、映像で森づくりのプロセスと現在の十メートル以上の防潮林の実体を示しました。今では御坊火力発電所の周りも、立派な森になっています。二階さんが「私は、県会議員時代から宮脇さんの森づくりを見ているんだから」と、国会で八十数名の自民党国会議員の皆さんに紹介されました。また太田昭宏国交省大臣にも、仙台平野の被災地に植えてもらいました。昨年までは、国交省ではマウンドまではできる。木は農水省、林野庁と、いろいろ領域分けがありました。

それから、細川護熙さんの熊本県知事時代にもご一緒に森づくりをやらせていただいています。その後二十年くらいは何もなかったのですけれど、東日本大震災の後に突然電話をかけてこられ、「宮脇さんの方法はいいけれど、金がなければできないでしょう」と仰っていただいて、財団をつくって、「瓦礫を使った森の長城プロジェクト」を進めています。

川勝 「森の長城プロジェクト」はかねてよりすばらしいと思っていました。

宮脇 そこで集めたお金で苗を買って、太田大臣たちに植えてもらったわけです。林野庁も、今、生態学的な、いわゆる「宮脇方式」で防潮林づくりを本格的に進めています。私の方式は管理がいらないわけですから、かつて、林野庁や林業団体からは天敵だといわれていたようで、私が生きているあいだに林野庁や林業関係者の皆さんと共に森をつくるのは不可能だと思っていたのですが、突然、八年前に島田泰助長官（当時）が来られて、「まちがっていた」とはいわれませんでしたが、「スギ、ヒノキ、マツを植えたところには、いろんな被害が出ている。そこにまた植えてもだめなので、そこにだけお願いします」と言われ、協力しています。広島県の呉の奥の野呂山国有林でスギの植林が台風で倒れて、そこでコンクリで固めたり、またスギ、ヒノキ、マツを植えようとしたのを、やめさせて、スギ、ヒノキの倒木も全部地球資源だから焼かないで下さい、と。ユンボで三メートルの穴を掘って入れて、土と混ぜてマウンドを築いて、森づくりをやりました。今東北の被災地でも林野庁森林整備部長の本郷浩二さん以下で植えています。

潜在自然植生を国民運動に

川勝　潜在自然植生を顕在化させる方法は、人間の潜在能力を伸ばすのと同じですね。集団の中でそれなりの競争と我慢をさせながら、お互いの実力を知りあって仲よくなり、それぞれの能力が伸びるのがよいのです。

宮脇　すべてそうです。だから、私は父兄会や先生方にいうんです。算数、国語、理科、社会、英語が少しできないからというので、その子を愚かだと思わないでいただきたい。その子の顔は、世界でその子しかもっていないように、必ずその子しかもっていない能力があるはずです。ドイツ語では教育は引き出すこと（Erziehung）といいます。英語の education も同じ意味です。ないものねだりはむりですけれど、土地の能力、地域の能力、人の能力、社会の能力、政治力を引き出して、未来のために、今できることをやっていただきたいと思います。

川勝　何にせよ、潜在力を引き出すのがよいという哲学ですね。大地の潜在自然植生を引き出すのが森づくりの基本ですね。たしかに、人間を育てるというのは、その人の能力を引き出すことですから、森を育てるのと人を育てることには共通性があります。

宮脇　はい。トップ研修を会社などでやると、先生のお話は人事管理に役立つ、人間社会と同じだ、似てると言われます。でも、単に似ているのではなく、すなわちアナロジー（相似）ではなくて、基本的にはホモロジー（相同）ではないかと短絡的に考えていますが。

川勝　植物を育てる方法も、人事管理の方法も、抽象的な記号や概念に置き換えれば、同じになり、ホモロジーといってよいかもしれません。しかし、植物を論じるときには植物の用語を使うし、人事管理では人間の用語を使うので、異なるところはあります。一方、似ているところもあるので、私はアナロジーでいいと思う。つまり、原理は同じでも、具体相はさまざまです。植生だけとっても、地形や気候や風土でちがってくる。その違いが個性です。

各地の鎮守の森も、似ているところと、異なるところがあります。共通性だけでなく、異質性もあわせて認識する。つまり、相似と相異を見るという観点にたって、すべての存在について、現場の具体相を見失なわずに、その個性を認識する。時空が異なる現場や、文化の異なる社会に、相似と相異を見てとるのは類推という認識の作用ですが、英語ではアナロジーです。

宮脇 そうです。私は、現場を見なければなんともいえないんです。

川勝 そのとおりですね。先生は、日本列島各地の現場に足を運んで『日本植生誌』全十巻をまとめられました。以来、先生の後継者も学界だけでなく、地域社会にも輩出するまでになりましたから、各地域の潜在自然植生を原点にした森づくりを国民運動にしていきたいですね。

宮脇 ぜひお願いします。

川勝 鎮守の森は、海外由来のものではなく、日本の文化資産です。それが世界の環境保全に役立つのは、すばらしいことです。鎮守の森の知恵に習った潜在自然植生の顕在化のモデルづくりを、日本各地でやっていくのが理想です。日本列島は、北の亜寒帯から、南の亜熱帯にまで広がっており、多様性の宝庫で、地球生態系の縮図ともいえますから、世界各地で活用できる多様なモデルを提供できるはずです。

宮脇　世界に発信できる、世界モデルになるものですね。口はばったいようですけれど、こういう機会を与えていただいたので、ぜひ、日本の中心に位置する静岡県で、長さ十キロメートルでもいいですから、本当のモデルをつくっていただくことを、ここに公表していただいて、それを実現していただきたいとお願いします。

川勝　国では、年度の方針を決める通常国会と、それ以外の臨時国会がありますが、府県レベルでも、臨時議会のほかに、年間の基本方針を決める議会があり、静岡県では二月議会がそれです。その二月議会で、森づくりの方針を盛り込み、静岡県では「宮脇方式」で防潮堤整備をやっていこうと呼びかけましょう。

宮脇　いや川勝方式、静岡県方式で。そのために、知事はお忙しいでしょうけれども、私はいつでも行って、黒子としてお手伝いしますから、一緒に考えて、実行してください。

東日本大震災から、オリンピック・いのちの森づくりへ

宮脇　今、大槌町の森づくりをやっているんです。二〇一二年の四月が最初で、今はもう

三回目、横浜ゴムの南雲忠信会長の決断と実行力で、「宮脇方式」でやっています。

川勝　大槌町のことはよく知っています。津波で町長以下、役場の方が大勢亡くなり、かつ火事もあった。水責め、火責めです。私は震災の二週間後の三月二十五日、二十六日に現地に入りました。その凄まじい現場を見て、「ここを助ける」と決定し、現在もまだ救援活動を続けています。岩手県には今でも二十人ぐらいの静岡県庁の職員が入っています。私が大槌町に行ったときは、雪が舞う寒空のしたで、吉里吉里小学校に皆さんが避難されていました……。

宮脇　吉里吉里小学校には、大きなタブノキが残っているんです。

川勝　それも見ましたが、どの樹木が津波に耐えたかに注目しなければなりませんね。静岡県は大槌町とはつながりがあります。東北の大震災は他人事ではありません。東海地震や南海トラフの巨大地震が想定され、災害が起こる前に整える防災力は何かという問題意識をもって、救援活動をしています。大槌町の北にある山田町にも、大槌町を訪れたのと同じ日に行きました。山田町も役場の下の階が津波でやられ、車もすべて流されていました。役場の上の階で憔悴しながら指揮をとられていた町長にお目にかかり、車など救援部品を置いてきました。津波は沿岸部を一網打尽にしました。何とも名状しがたい、きつい被害の様相でした。被災地に「緑の長城」をつくるというのは素晴らしいプロジェクトです。私はそれを「事前防災」の考えをもって、静岡県レベルでも、市町の首長と相談しながらやっていきます。命令はできません。

宮脇 そうでしょうね。

川勝 掛川市に対しても、私はいわば軍師にはなれますが、防波堤をこうしろという命令はできません。知事の権限の限界はありますが、影響力は大きい。

宮脇 それは大きいですよ。今年の六月からやっと「海岸法」を改正して、「緑の防潮堤」計画には、ちゃんと五十パーセント以上、国税が出るようになりました。国交省で、太田大臣とも一緒に森づくりをしています。彼も本気でやっています。

私は二〇二〇年のオリンピックがチャンスだと思います。オリンピックは一瞬で終わりますが、オリンピックに来た人に三本のポット苗に十ドル、十ユーロ、千円出してもらって、東京オリンピックを記念したいのちの森、九千年の森をと、日本各地に植えさせたらどうでしょう。植えた人の名前をつけてもいいことにして。毎年、クリスマスに、たとえば静岡県なら川勝知事のサイン入りで、育った苗木の写真をつけて毎年出すようにすれば、観光対象にもなるし、それをやろうと。

川勝　それはいいアイデアですね。オリンピックは東京だけでのものではありません。全国知事会の席で私は「カルチュラル・オリンピアード（cultural olympiad）」を提案し、賛同をえました。東京五輪には世界のアスリートが来日しますが、文化にも着目し、日本各地で文化イベントをしながら、世界のアーティストも呼ぼうというものです。先駆けはイギリスで、ロンドン・オリンピックに合わせてカルチュラル・オリンピアードを展開して、成功させました。オリンピックの開催年には開催国にたくさんの人が来ますが、翌年の訪問客数はがた落ちになります。ところが、イギリスではオリンピックの翌年のほうが、人数が多かった。それはイギリス全土で、オリンピックに合わせて各地の個性を出した文化的プロジェクトを立ち上げたからです。それは日本でもできます。しかし、ぜひ日本の独自性を出したい。それには文化の原点にもどるのがよいのです。文化（culture）の原義は人間が自然に手を加えることです。文化の原点は土を耕すことなのです。これが同じ自然に見えても、wild nature と cultivated nature の違いです。明治神宮は人間のつくった森なので、wild nature ではなく、文化の所産です。

宮脇　そのとおりです。

川勝　神宮の森は自然に見えますが、人間がつくったもの（man-made）なので、規模の大き

静岡県周智郡の豊田合成森町工場で子供たちもまじえた植樹祭、2014 年 11 月

トリンプインターナショナルの森づくりでの生育調査、2014 年 9 月

い garden なのです。ガーデンとは人が手を加えた自然です。鎮守の森のように人の心と手の加わった森を、私は「フォレスト・ガーデン（forest garden）」と名付けています。神宮の森は日本の緑の文化資産です。イギリスは人間中心主義ですから、それに応じた文化イベントを展開しました。私ども日本人は、人間は自然の一部であるという哲学をもっており、自然との調和を重んじ、自然を見下すどころか、富士山に見られるように、自然には畏敬の念をいだいています。人間が自然から学び、自然を生かし、人間のためにもなるように手を加える。そういう活動は文化です。有事には防災に役立ち、平時には美しい森を楽しむ。植樹は、景観をよくするし、人の心を耕します。土を耕すことは、人の心も耕すことに通じている文化活動です。そういう日本的な文化活動を、東京オリンピックをきっかけに、静岡県からも発信していきたいものです。

宮脇　すばらしい。やりましょう、それは。各市町村に呼びかけて、日本の中心の静岡県で、海岸から富士山まで、いろんなところで。今は、オリンピックまでちょうど六年で、ちょうどいいじゃないですか。

川勝　ちょうどいいあんばいの時間のファクターですね。「宮脇方式」では、最初の三年間ぐらいを世話すればよく、あとは自然の力に任せればいいのですから。

宮脇 川勝知事の、「平太の森」をつくろうと（笑）。

川勝 そんなことをすると自己宣伝みたいだから、それは別にして、ただお考えには賛同します。「富士の国＝日本の森づくり」ではどうですか。

宮脇 いいですね。計画してやりましょう。

地域、現場に教育を取り戻す

宮脇 今からプロジェクト・チームをつくって、縦割りでなく横割りにして、知事直結で。私は現場主義ですから、どこへどうしたらいいか、川勝知事や静岡県下の行政、企業、各団体、集団の計画・策定・実行の黒子として、すべてを賭けます。まず現場を見て考えます。各市町村で……静岡県にはいくつの市町村があるんですか。

川勝 三十五です。

宮脇 一つの市町村にたとえば一万本植えれば、三十五万本。一人で十本、二十本なんか、すぐ植わるんです。しかも、それは残る。オリンピックのことは、四年たったらもう忘れてしまいます。木を植えたことは、忘れませんよ。計画をつくってください。私は現場で、どこにどういうものを植えるかということには責任をもちますから。

川勝　先生には、神社の鎮守の森を県民といっしょに見ていただいてご指導をいただき、主木と脇役の樹木など、植生を教わりながら、密植、混植する。

宮脇　場所によってちがいますからね。

川勝　学校教育の中に取り入れられるといいですね。

宮脇　たとえば掛川は、小学校でドングリを植えさせてやっているんです。校長、教育長が立派なんだろうと思いました。子どもたちが、ドングリのポット苗を手にして、どういうふうに大きくなっていくか、観察しているんです。日本の文科省は、生の、いのちの尊さを教えていないのではないですか。いのちの尊さ、はかなさ、きびしさを日本では教えていない。

川勝　そろそろ教育を、文科省や教育委員会から地域社会に取り戻さなければいけませんね。現場にはいり、現場から学ぶ。これこそ本物の学問で、私は「虚学」と区別して「実学」と言っています。本から学ぶだけでは頭でっかちになり、だめですね。

宮脇　本は副読本ですよ。現場こそが、本当の教科書です。

川勝　現場が本当のテキストです。英数国理社という主要五科目を中心にした、西洋由来の近代学問を国民の間に普及させるという文科省の役割は一段落しました。農業や林業を含む現場の地域資産から学ぶことが大切です。特に自然を教えることのできる人材は、ほとんど学校にはいない。農業、林業、園芸をやっている人たちが、その気になれば、現場の先生になれます。これからの日本の青少年の教育は、各地の自然や故郷の森など、自分たちの生活している地域の現場から学んでいくのがよいと思います。文科大臣にしても官僚にしても、社会的地位は高くても、知的レベルは国民一般と変わりません。文科大臣や文科官僚の命令や指導を必要とするほど国民はバカではないのです。

宮脇　ＮＰＯが皆、協力しますからね。ドイツでは、州ごとに文部大臣がいるんです。州の知事が大臣なんです。文科省なんかないんです。日本は中央集権すぎるんです。

川勝　同感ですね。江戸時代に文科省はありません。しかし、江戸末期の識字率は世界でトップです。各地に藩校やたくさんの寺子屋があり、人はこぞって勉強しました。各藩が中心になり、地域に応じた産業や、農業の指導をしていました。在野にもすぐれた逸材がおり、適塾のような塾も数多くありました。今3R（リサイクル、リユース、リデュース）といっていますが、循環型の、美しい日本列島をつくりあげていた。文部科学省がなくても学問も教育もできるのです。

文部省を創設し、学制を敷いたのは、西洋の学問を教育に取り入れるためでした。明治政府はそれを中央集権的な文部行政で命令せざるをえなかった。なぜかというと、それまでの儒学や国学の教育をやめて、「洋学（西洋の学問）」を取り入れるという大方針を立てたとき、洋学を教えられる人が日本にいなかったからです。そのために政府は国家の税金を投じて、大臣より高い給料を払い、海外から立派な学者を招き、民法はフランス、進化論はアメリカ、経済学もアメリカ、医学はドイツというようにして、洋学を取り入れることを始めた。それは立派な決断でした。しかし、それから百五十年も経ち、日本は洋学を十分に学び、ノーベル賞の受賞などでは、二十一世紀になってからは、イギリスを抜き、アメリカに次いで世界第二位です。明治以来の文部行政の役割は終わっています。今後は、自らが生きている地域をよくするために、それぞれの地域をテキストにして、その大地や自然を学ぶことから始めなければなりません。

宮脇　自然は、場所によって違うわけですから、地域の問題になるわけですね。

川勝　現場を知る地域学が必要です。それを、私は「場の力」を発揮するためだと言っています。現場の潜在力を引き出すことが大切だという趣旨です。学ぶべきテキストは、地域の現場にあります。それを明確にするために、東京への進学のための普通高校ではなく、農業学校や水産学校など、現場で学んでいる高校生たちにのみ知事賞を用意しました。少しずつではありますが、地域の現場で学んでいる青年を励まそうと試みています。

「宮脇方式」の森づくりは、わかりやすい。けれども、背景にある理論は地球自然の歴史をにらんだ壮大なものです。しかも、「宮脇方式」の原点は、日本の「鎮守の森」です。近現代の東京時代は欧米の真似です。京都の時代は中国の真似でした。東西の文明をとりこんだ今は、真似ではなく、日本というテキストに立ち返り、たとえば「鎮守の森」から学ぶことの方が大切です。静岡を、そのような地域学が隆盛する学問の都にしたい。

宮脇 日本の中心の静岡から、世界に発信するというわけですね。

川勝 私は静岡中心主義ではありませんので、日本の都は、静岡でなくてもよく、どこも候補になりえますが、さしあたって、東京に代わる場所を一つだけあげるとすれば、那須野が原がよい。識者が周到に検討して選んだ場所として、国会等移転審会が平成十一年（一九九九）十二月にまとめました。那須野が原に移すべしとする報告書は、まだ生きています。ただ国会議員諸氏が決断できていないだけのことです。

宮脇 やらなかっただけですね。決断し、実行しなければゼロです。

川勝 私はすでに地域を東京から自立させる決断をしています。それが奏功するには、日本列島の各地で、たとえば静岡県の山本敬三郎元知事が構想されていたであろう「鎮守の森づくり」のような「場の力」を引き出す運動が全国津々浦々で顕在化してくることが求められます。ポスト東京時代は、シンボリックには「鎮守の森の都づくり」から始まるでしょう。

宮脇 最高じゃないですか。本当に今日はいい勉強になりました。

川勝 こちらこそ、ありがとうございました。

（二〇一四年十一月三十日／於・藤原書店催合庵）

初出一覧

はじめに　書き下ろし
東京に森を！――「潜在自然植生」からみた東京　『環』五九号　二〇一四年秋号
東京における植生科学と環境保護――日本ではじめての国際植生学会から　『環』五九号　二〇一四年秋号
森と神――おんざきさんと私の過去・現在・未来　『環』五四号　二〇一三年夏号
いのちを守る森づくりをやろう〈インタビュー〉　『環』五六号　二〇一四年冬号
見えないものを見る　『環』五八号　二〇一四年夏号
命あふれる森を未来の子供たちへ〈ワンガリ・マータイ氏との対談〉　『2020 Value Creator』二〇〇六年三月
「ふじのくに」から発信する、ふるさとの森づくり〈川勝平太連続対談〉　『環』六〇号　二〇一五年冬号

＊改題した場合がある
＊年齢、肩書等は、初出時のままにしている

著者紹介

宮脇 昭（みやわき・あきら）

1928年岡山生。広島文理科大学生物学科卒業。理学博士。ドイツ国立植生図研究所研究員、横浜国立大学教授、国際生態学会会長等を経て、現在、横浜国立大学名誉教授、公益財団法人地球環境戦略研究機関国際生態学センター名誉センター長。独ゲッティンゲン大学名誉理学博士、独ザールランド大学名誉哲学博士、タイ国立メージョウ農工大学名誉農学博士、独ハノーバー大学名誉理学博士、マレーシア農科大学名誉林学博士。
紫綬褒章、勲二等瑞宝章、第15回ブループラネット賞（地球環境国際賞）、1990年度朝日賞、日経地球環境技術大賞、ゴールデンブルーメ賞（ドイツ）、チュクセン賞（ドイツ）等を受賞。
著書に『日本植生誌』全10巻（至文堂）『植物と人間——生物社会のバランス』（NHKブックス、毎日出版文化賞）『緑環境と植生学——鎮守の森を地球の森に』（NTT出版）『明日を植える——地球にいのちの森を』（毎日新聞社）『鎮守の森』『木を植えよ！』（新潮社）『次世代への伝言　自然の本質と人間の生き方を語る』（地湧社）『瓦礫を活かす「森の防波堤」が命を守る』（学研新書）『「森の長城」が日本を救う！』（河出書房新社）『森の力』（講談社現代新書）『見えないものを見る力』『人類最後の日』（藤原書店）など多数。

東京に「いのちの森」を！

2018年10月10日　初版第1刷発行©

著　者　宮　脇　　昭
発行者　藤　原　良　雄
発行所　株式会社　藤　原　書　店

〒162-0041　東京都新宿区早稲田鶴巻町523
電　話　03（5272）0301
FAX　03（5272）0450
振　替　00160 - 4 - 17013
info@fujiwara-shoten.co.jp

印刷・製本　中央精版印刷

落丁本・乱丁本はお取替えいたします
定価はカバーに表示してあります

Printed in Japan
ISBN978-4-86578-193-9

〝人間は森の寄生虫〟

見えないものを見る力

〈「潜在自然植生」の思想と実践〉

宮脇 昭

〝いのちの森づくり〟に生涯を賭ける宮脇昭のエッセンス。「自然が発する微かな情報を、目で見、手でふれ、なめてさわって調べれば、必ずわかるようになる。」「災害に強いのは、土地本来の本物の木です。本物とは、管理しなくても長持ちするものです。」（本文より）

カラー口絵八頁

四六上製　二九六頁　**二六〇〇円**
（二〇一五年二月刊）
◇978-4-86578-006-2

少年少女への渾身のメッセージ！

人類最後の日

〈生き延びるために、自然の再生を〉

宮脇 昭

未来を生きる人へ――「死んだ材料を使った技術は、五年で古くなりますが、いのちは四十億年続いているのです。私たちが今、未来に残すことのできるものは、目先の、大切ないのちに対しては紙切れにすぎない、札束や株券だけではないはずです。」（本文より）

カラー口絵四頁

四六上製　二七二頁　**二二〇〇円**
（二〇一五年二月刊）
◇978-4-86578-007-9

環境への配慮は節約につながる

1億人の環境家計簿

〈リサイクル時代の生活革命〉

山田國廣
イラスト＝本間都

標準家庭（四人家族）で月3万円の節約が可能。月一回の記入から自分のペースで取り組める、手軽にできる環境への取り組みを、イラスト・図版約二百点でわかりやすく紹介。経済と切り離すことのできない環境問題の全貌を、〈理論〉と〈実践〉から理解できる、全家庭必携の書。

A5並製　二二四頁　**一九〇〇円**
（一九九六年九月刊）
◇978-4-89434-047-3

秋田・大潟村開村五十周年記念

汝の食物を医薬とせよ

〈〝世紀の干拓〟大潟村で実現した理想のコメ作り〉

宮﨑隆典

〝世紀の干拓〟で生まれた人工村で実現した、アイガモ二千羽による有機農法とは？　日本の農業政策の転変に直撃された半世紀間、本来の「八十八」の手間をかけたコメ作りを追求し、画期的な「モミ発芽玄米」を開発した農民、井手教義の半生と、日本農政の未来への直言を余すところなく記す！

四六並製　二二四頁　**一八〇〇円**
（二〇一四年九月刊）
◇978-4-89434-990-2

ゴルフ場問題の〝古典〟

新装版
ゴルフ場亡国論
山田國廣編

リゾート法を背景にした、ゴルフ場の造成ラッシュに警鐘をならす、「ゴルフ場問題」火付けの書。現地で反対運動に携わる人々のレポートを中心に構成したベストセラー。自然・地域財政・汚職……といった「総合的環境破壊としてのゴルフ場問題」を詳説。

カラー口絵
A5並製　二七六頁　二〇〇〇円
（一九九〇年三月／二〇〇三年三月刊）
◇978-4-89434-331-3

現代日本の縮図＝ゴルフ場問題

ゴルフ場廃残記
松井覺進

九〇年代に六百以上開業したゴルフ場が、二〇〇二年度は百件の破綻、負債総額も過去最高の二兆円を突破した。外資ファンドの買い漁りが激化する一方、荒廃した跡地への産廃不法投棄も続いている。環境破壊だけでなく人間破壊をももたらしているゴルフ場問題の異常な現状を徹底追及する迫真のドキュメント。

口絵四頁
四六並製　二九六頁　二四〇〇円
（二〇〇三年三月刊）
◇978-4-89434-326-9

水再生の道を具体的に呈示

改訂二版
下水道革命
（河川荒廃からの脱出）
石井勲・山田國廣

家庭排水が飲める程に浄化される画期的な合併浄化槽「石井式水循環システム」の仕組みと、その背景にある「水の思想」を呈示。新聞・雑誌・TVで〝画期的な書〟と紹介された本書は、今、瀕死の状態にある日本の水環境を救う具体的な指針を提供する。

A5並製　二四〇頁　二三三〇円
（一九九〇年三月／一九九五年一一月刊）
◇978-4-89434-028-2

〝水の循環〟で世界が変わる

水の循環
（地球・都市・生命(いのち)をつなぐ〝くらし革命〟）
山田國廣編
本間都・山田國廣・加藤英一・鷲尾圭司

いきいきした〝くらし〟の再創造のため、漁業、下水道、ダム建設、地方財政など、水循環破壊の現場にたって変革のために活動してきた四人の筆者が、新しい〝水ヴィジョン〟を提言。

図版・イラスト約一六〇点
A5並製　二五六頁　二三〇〇円
（二〇〇二年六月刊）
◇978-4-89434-290-3